贵金属首饰起版技艺

深圳市龙岗区职业训练中心

深圳技师学院　组织编写

深圳市峰汇珠宝首饰有限公司

主　编　张建平　李勋贵
副主编　廖远基　唐湾明　叶向洲
参　编　郭矗鹏　于　凌　向　莉　刘　丹　陈　明
　　　　高秋斌　谭忠传　黄苑斌　陈小冰　郝思维
　　　　蔡锐龙　郭昕文　丘　洪　崔　浩　王雅丽
主　审　彭旭昀

机械工业出版社

CHINA MACHINE PRESS

本书针对贵金属首饰手工制作领域从业人员编写，定位为贵金属首饰起版知识和技艺的系统培训。主要内容包括：我国首饰发展简史、首饰起版工艺基础、首饰起版操作技能及制版流程、雕蜡起版、手工起银版、计算机绘图起版、起版制作常见问题及解决等内容。

　　全书把相关知识点的学习与专业技能的案例有机地结合起来，内容安排上深入浅出，逻辑顺畅，适用于贵金属首饰起版人员技能培训，同时还可以作为技工学校和职业技术院校首饰制作、首饰设计等专业的教学用书，亦可作为珠宝设计制作爱好者的入门参考书。

图书在版编目（CIP）数据

贵金属首饰起版技艺 / 张建平，李勋贵主编 . —北京：机械工业出版社，2019.3（2024.8 重印）

ISBN 978-7-111-62161-4

Ⅰ . ①贵⋯　Ⅱ . ①张⋯ ②李⋯　Ⅲ . ①贵金属 – 首饰 – 制作 – 教材　Ⅳ . ① TS934.3

中国版本图书馆 CIP 数据核字（2019）第 038680 号

机械工业出版社（北京市百万庄大街 22 号　邮政编码 100037）
策划编辑：陈玉芝　王振国　责任编辑：王振国
责任校对：李　婷　　　　封面设计：陈　沛
责任印制：邰　敏
北京富资园科技发展有限公司印刷
2024 年 8 月第 1 版第 2 次印刷
184mm×260mm · 8 印张 · 195 千字
标准书号：ISBN 978-7-111-62161-4
定价：39.80 元

凡购本书，如有缺页、倒页、脱页，由本社发行部调换
电话服务　　　　　　　　　　网络服务
服务咨询热线：010-88379833　机工官网：www.cmpbook.com
读者购书热线：010-68326294　机工官博：weibo.com/cmp1952
　　　　　　　　　　　　　　教育服务网：www.cmpedu.com
封面无防伪标均为盗版　　金 书 网：www.golden-book.com

前　言

2014年6月国务院印发《国务院关于加快发展现代职业教育的决定》（国发〔2014〕19号）（以下简称《决定》），全面部署加快发展现代职业教育。《决定》明确了今后一个时期加快发展现代职业教育的指导思想、基本原则、目标任务和政策措施，提出"到2020年，形成适应发展需求、产教深度融合、中职高职衔接、职业教育与普通教育相互沟通，体现终身教育理念，具有中国特色、世界水平的现代职业教育体系"。

根据文件精神，深圳市龙岗区自2015年开始实施"大职训"综合改革。为了精细服务行业、企业，满足市场需求，龙岗区职业训练中心借鉴香港的先进经验，结合龙岗区重点产业导向，于2015年12月成立了眼镜、珠宝、模具制造、电子商务、交通运输、安保六个首批行业训练委员会。

龙岗区作为深圳市乃至全国颇具声誉的珠宝首饰研发、加工、展示、销售集聚地，为了更好地满足珠宝产业的升级转型需要以及日益高涨的人才需求，由深圳市龙岗区职业训练中心组织，深圳技师学院、深圳市峰汇珠宝首饰有限公司牵头众多企业专家深入调研、组织材料编写了本书。

本书针对贵金属首饰手工制作领域从业人员编写，定位为贵金属首饰起版知识和技艺的系统培训。主要内容包括：我国首饰发展简史、首饰起版工艺基础、首饰起版操作技能及制版流程、雕蜡起版、手工起银版、计算机绘图起版、起版制作常见问题及解决等内容。全书把相关知识点的学习与专业技能的案例有机地结合起来，内容安排上深入浅出，逻辑顺畅，适用于贵金属首饰起版人员技能培训，同时还可以作为技工学校和职业技术院校首饰制作、首饰设计等专业的教学用书，亦可作为珠宝设计制作爱好者的入门参考书。

特别感谢深圳九福科技股份有限公司党新洲、深圳尚钰美金爵珠宝首饰有限公司刘国仙、深圳金雕御作首饰有限公司汤锋奇、深圳市凯恩特珠宝首饰有限公司陈立文、星河时代珠宝(深圳)有限公司蔡小逸、深圳市宝相庄珠宝有限公司史鹬、深宝创珠宝文化发展(深圳)有限公司李珏在本书编写过程中给予的指导。

本书内容收录了编者的教学成果，还有一部分参考了国内外相关教材和著作，在此谨对有关作者表示衷心的感谢。

限于编者业务水平和掌握的资料有限，书中难免有错误及不当之处，敬请广大读者批评指正。

编　者

目 录 CONTENTS

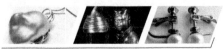

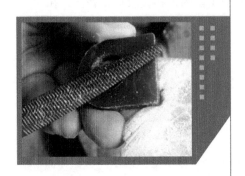

前言

第一章　我国首饰发展简史 // 1

第二章　首饰起版工艺基础 // 3

　　第一节　贵金属首饰生产工艺 // 3

　　　　一、失蜡铸造 // 3

　　　　二、冲压成型 // 4

　　　　三、电铸工艺 // 4

　　　　四、花丝工艺 // 5

　　　　五、镶嵌工艺 // 6

　　第二节　首饰起版工艺美学分析 // 9

　　　　一、工艺性质 // 10

　　　　二、造型之美 // 10

　　　　三、材料之美 // 13

　　第三节　首饰起版工艺结构分析 // 14

　　　　一、设计图分析 // 14

　　　　二、结构组成分析 // 15

第三章　首饰起版操作技能及制版流程　21

　　第一节　首饰起版操作技能　21

　　　　一、锯削 // 21

　　　　二、锉削 // 21

　　　　三、焊接 // 21

　　　　四、锤打 // 22

　　　　五、打磨 // 22

　　第二节　首饰制版流程 // 22

　　　　一、起蜡版流程 // 22

二、起银版流程 // 22

三、3D 制版流程 // 22

第四章　雕蜡起版 // 23

第一节　雕蜡起版概述 // 23

一、常用工具及材料 // 23

二、蜡的类型 // 23

三、蜡的相对密度 // 24

四、蜡的厚度 // 25

五、蜡的搬运与存放 // 26

第二节　雕蜡起版的工艺流程 // 26

一、开蜡料 // 26

二、雕刻 // 28

三、审核蜡版 // 40

第三节　雕蜡起版案例分析 // 40

案例一　素面条戒的雕蜡工艺技法 // 40

案例二　钻石扭臂女戒的雕蜡工艺技法 // 44

案例三　台面男戒的雕蜡工艺技法 // 49

第五章　手工起银版 // 52

第一节　手工起银版的工具及材料 // 52

一、手工起银版的工具 // 52

二、手工起银版的材料 // 52

第二节　手工起银版操作技能 // 53

一、备料 // 53

二、锤打 // 53

三、锯削 // 54

四、锉削 // 54

五、摆坯翻石膏 // 54

六、焊接 // 54

七、打磨 // 54

第三节　手工起银版案例分析 // 54

案例一　光面戒指的制作 // 54

案例二　逼镶吊坠的制作 // 58

案例三　爪镶女戒的制作 // 65

第六章　计算机绘图起版 // 71

第一节　计算机辅助设计软件概述 // 71

一、JewelCAD 简介 // 71

V

目

录

　　二、3Design 简介 // 72

　　三、Matrix 3D 简介 // 72

第二节　计算机绘图起版案例分析 // 73

　　案例一　爪镶女戒 // 73

　　案例二　爪镶男戒 // 83

　　案例三　虎口镶吊坠 // 89

　　案例四　逼镶耳环 // 101

第三节　首饰生产快速成型机 // 110

　　一、德国 EnvisionTEC 快速成型机 // 110

　　二、美国 3D systems 公司的 Projet 系列喷蜡机 // 111

　　三、意大利 Sisma 公司的 Mysint J 金属 3D 打印机 // 111

第七章　起版制作常见问题及解决 // 113

第一节　起蜡版常见问题及解决 // 113

　　一、蜡件上有沙洞、气泡、缺失 // 113

　　二、工件表面不平整，表面不光滑，夹层位置大小不均匀 // 113

　　三、焊接位置不吻合，有缝隙 // 113

　　四、戒指手寸不对 // 113

　　五、运送过程中断裂，放置太久蜡件易碎 // 114

　　六、雕蜡模版与设计图有出入 // 114

　　七、蜡材锉修不精确 // 114

　　八、开料尺寸不准确，开料位置偏移 // 114

　　九、蜡版雕刻与图样的线条不同，掏底时薄厚不均匀 // 114

第二节　起银版常见问题及解决 // 115

　　一、开料 // 115

　　二、配件制作 // 115

　　三、摆坯 // 115

　　四、倒坯 // 116

　　五、焊接 // 116

　　六、修整 // 116

　　七、审版 // 116

第三节　3D 制版及建模起版常见问题及解决 // 118

　　一、3D 制版常见问题及解决 // 118

　　二、3D 建模起版常见问题及解决 // 119

附录　首饰起版工具与工艺名称对照 // 120

参考文献 // 121

第一章
我国首饰发展简史

据史料记载，首饰从原始社会就出现了，最开始的装饰行为意义不在于审美，而是为了获取更多的食物。就像格罗赛所说的，原始艺术品都不是从纯粹的美学角度出发的。

随着人类大脑的不断进化，智力的提升，首饰的社会属性也演变出多种功能。面对强大的自然现象，人们无法理解的时候，会希望通过佩戴首饰来辟邪求安；随着社会等级的分化，首饰的佩戴也开始象征财富和地位；另外，不可忽视的首饰功能就是审美，女性为了展现美丽，男性为了展现强健和威武，人们会想尽办法，用各种材料装饰身体；当首饰作为一个物件的时候，它又具备了信念寄托的作用，人们赋予各种图案、形状以美好的意义，以此作为心理寄托。

从原始社会开始，人们已经有意识地利用各种现有材料进行装饰了，比如贝壳、石子、兽骨等，这是原始的首饰。考古发现，殷商时期，我国已经掌握了制造金器的技术，春秋战国时期，冶炼技术逐步提高，出现了铸造和焊接技术，人们掌握了鎏金技术，与此同时也出现了金银错工艺。西汉后期，金银饰物开始盛行。唐代的社会风气开放，工商业发达，加上对外交流也非常频繁，文化受到各个地域文明的影响，因此也促进了中国首饰艺术的发展，首饰的发展在此期间上升到一个新的高度，此阶段是首饰发展的兴盛时期。

宋代的金银器风格以素雅为主，首饰题材源于社会生活，具有浓郁的生活气息。同时，金银器的图案也受到当时文人雅士诗情画意的影响，具有很强的时代感。与宋同时期的辽、西夏、金、大理等国的金银器也有较多发现。明清两代是中国封建社会的后期，文化发展趋于保守，金银首饰越来越多地趋于华丽浓艳，满眼的龙凤图案，宫廷气息越来越浓厚。

清朝末期，国门被迫打开，很多工艺品被销售到世界各地。辛亥革命后，宫廷艺术流向民间，随后民间银楼如雨后春笋般发展起来。

20 世纪 50 年代，工艺美术行业生气勃勃，生产积极性空前高涨。至 20 世纪 60 年代，首饰艺人操技练艺，首饰造型之美、变化之多、纹样富于立体感是历代所没有的。在此期间，我国分期派遣行业内优秀技术人员出国考察，从国外引进了先进的技术和设备。

到了 20 世纪 80 年代，人们的生活水平日益提高，对珠宝首饰的追求有了新的要求。随着时代的快速发展，产品的更新速度也越来越快，20 世纪 90 年代，全国各地掀起了黄金热。20 世纪 90 年代中期，一些大城市刮起了"白色风暴"。90 年代末，铂金首饰经历了一个迅猛发展和饱和的过程。

到了 21 世纪，随着我国社会经济迅速发展和人们生活水平的提升，人们的消费观点不断地发生变化，对首饰的追求又转移到了档次高和工艺考究的宝石首饰上，并逐步向款式个性化、工艺独特化、制作精细化、质地高档化的趋势发展。

电铸金饰品近年来在国际上发展迅速，该工艺能铸造造型复杂、形态逼真、精度要求较高的各类摆件及首饰，因其体积大、质量轻、价格亲民，近年来成为首饰行业的新宠儿，各类电铸流行首饰应运而生。

首饰制作流程一般经过开料、制型材、制作半成品、抛光车花、精抛入库等步骤。随着科学技术的不断发展、生产水平的不断提高，浇铸工艺在行业的运用逐渐广泛。其款式变化速度快、生产效率高的生产特点，不但满足了行业的生产要求，也满足了人们日益增长的首饰需求。

第二章
首饰起版工艺基础

第一节　贵金属首饰生产工艺

贵金属首饰生产的种类大致可分为失蜡铸造、冲压成型、电铸工艺、花丝工艺和镶嵌工艺等。每种工艺都有其不同的生产方式，根据不同的产品设计要求，采用不同的工艺进行贵金属首饰加工生产。

一、失蜡铸造

失蜡铸造也称为"熔模法"，早在商朝中晚期就出现了这种生产工艺。这是一种液态成型的生产方式，也是一种常见的生产方式，广泛地运用在首饰生产中。失蜡铸造的生产过程主要有以下几个工序。

1. 起版

根据设计图样的要求，用925银或其他金属材质制作母版，也可以通过雕蜡翻铸一个金属版。制作母版时，要考虑金属材质状态转换过程中体积的收缩率，并充分考虑到水口的位置是否科学合理。

2. 压胶模

根据制作出来的金属母版进行压胶模，其基本过程是填模、硫化、切割。

首先要根据金属母版的大小选择合适的胶模铝框，放入一片橡胶片，填满一半的铝框，然后将母版放在中间，用另一些橡胶片进行填充，将母版完全埋入其中。

接着将铝框放在压模机中加压加热进行硫化，硫化的时间和温度根据母版大小而定。

最后取出橡胶板，沿着边线切割，将母版取出，橡胶模就制作完成了。

3. 种蜡树

通过橡胶模铸出蜡件，将蜡件修整光滑后种到蜡树上。这里需要注意的是，蜡树主干与蜡件之间需要保留一定的夹角，这样有利于后面金属熔液的浇注。

4. 石膏模型

一般以4∶10（水∶石膏）的比例调和石膏浆，将量好比例的水倒入石膏中，搅拌2~3min，与此同时要真空抽气，避免石膏浆中夹杂气泡。经过抽真空后注入套有钢筒的蜡树中，静待1h左右，石膏模型便制作完成了。

5. 浇注

将石膏模型进行脱蜡，接着放入高温炉里烘烤，使石膏模整体温度上升。将烘烤好的石膏模放置在离心机中，向熔化坩埚中加入预备金属料进行熔化。在此必须注意的是，在制作石膏模之前必须称好蜡树的重量，便于后面预算金属材料的重量。浇注完毕后静置一会，趁石膏还有余热进行炸水，使石膏脱落，露出产品的毛坯，在高压水的冲击下除去金属表面的石膏残物。

6. 后期处理

浇注出来的毛坯还是很粗糙的，需要修整处理。除去水口，锉修，或车花，或镶嵌，或做其他表面处理等，这样便完成了整件首饰的失蜡制作过程。

二、 冲压成型

冲压工艺也称为模冲、压花，是一种浮雕图案制造工艺。其操作步骤为：先根据一个母模制作出一个模具，然后通过压力在金属上制出浮雕图案。冲压工艺流程是：压印图案、成型（弯曲）、将各部分连接起来（通常用激光焊接或直流焊接）。

冲压工艺适用于底面凹凸的饰品，如小的锁片，或者起伏不明显、容易分两步或多步冲压成型或组合的物品，另外极薄的部件和需要精致的细部图案的首饰也需要用冲压工艺进行加工。冲压工序可分为四个基本工序：

1. 冲裁

使产品的粗坯从金属板料中分离出来（包括冲孔、落料、修边、剖切等）。

2. 弯曲

将金属板料沿曲线弯成一定的角度和形状。

3. 拉深

将金属板料变成各种开口空心零件，或把空心件的形状、尺寸作进一步改变的冲压工序。

4. 局部成型

用各种不同性质的局部变形来改变毛坯或冲压件形状的冲压工序（包括翻边、胀形、校平和整形工序等）。

三、 电铸工艺

电铸工艺是近年来发展起来的一种新型的首饰生产方式。电铸工艺多出现在摆件和挂件等大件物品上，这是其体量大、重量轻的特点决定的。

电铸和电镀的工艺特点非常相似，是利用金属的电解沉积原理来精确复制某些复杂或特殊形状工件的特种加工方法。严格来说，电铸是电镀的特殊应用。电镀只是在产品表面镀上不同的金属，起到保护和装饰产品的作用；而电铸则是加厚了电镀层，直到可以从母模上脱胎下来，成为独立的产品。电铸工艺有以下几个工序：

1. 设计

根据设计要求绘制图样，可用计算机辅助制图。

2. 制作模型

根据设计图样制作蜡模，也可通过计算机 3D 建模喷制出来，并铸造出金属母版。

3. 制胶模

将母版放在铝框中，用液体橡胶浇注，等橡胶干燥后，切开胶模，取出母版，胶模便制作完成了。

4. 修蜡

对通过胶模注出的蜡件，根据要求进行整体修整。

5. 涂银油

蜡是绝缘体，需要在它的表面涂上一层银油，这样才能使其具有良好的导电效果，才能起到电铸的作用。这里需要注意的是，涂银油时一定要均匀，不允许有任何死角，不然产品容易电铸失败导致产品报废。

6. 电铸

将涂好银油的蜡件自然风干，然后放入电铸缸中，根据不同的电铸要求设置不同的程序进行电铸。

7. 除蜡

电铸好的产品要反复清洗后才能取下，然后将产品放在蒸炉中进行除蜡操作。

8. 清洗抛光

脱蜡后的产品是空心的，件大壁薄，因此除过银油、脱过蜡的产品一定要用去离子水反复冲洗，在经过手工抛光和烘干后，电镀产品才算制作完成。

四、花丝工艺

我国传统细金工艺包括花丝、錾刻、烧蓝、点翠等工种。其中花丝工艺是细金工艺的一个分支。顾名思义，花丝就是用金、银丝来制作的工艺品，以不同粗细的金、银丝为主要材料。在制作过程中通过镊子掐制出各种各样的花丝纹样，因此要求金、银丝有一定的韧性。它的表现手法为：鳔丝、掐丝、填丝、堆垒、织编、攒焊和压光等。

1. 鳔丝

鳔丝是制作各类花丝的前道工序，就是将两根圆丝搓成花丝或素丝，然后压扁，顺序缠绕在塑料管子上，用鱼鳔、乳胶涂抹在花丝表面，黏结后取下，备用。

2. 掐丝

掐丝是用镊子将花丝掐制成各种纹样的工艺，所用的丝必须是扁丝。在不同花丝纹样的掐制过程中，要始终保持镊子垂直，才能使线条软硬适度，线条流畅，过渡自然。掐丝是花丝工艺中的基本功，也是最难掌握的一门技术。

3. 填丝

填丝是将花丝制成的图形填在规定轮廓内的工艺。

4. 堆垒

堆垒是在塑好的炭粉形体上，缠绕码丝或螺丝后筛药焊接成型的工艺。垒丝分为平面垒丝和立体垒丝两种。

5. 织编

织编是用多股丝材编织成型的工艺，在金银器的制作中，编织的应用极为广泛。

6. 攒焊

花丝工艺中的攒与焊是相连的两道工序，将零部件组装在一起叫攒。攒的方式有平攒、叠加攒、部件攒。花丝工艺中的焊接是整个制作的关键环节，稍有操作不当，前面的工作将功亏一篑。

一件器物往往要经过多次焊接才能完成，对于一些胎形较薄，花丝较细的区域，在第二次焊接之前可将这些部分涂抹一层黄土泥，加以保护。

7. 压光

由于花丝器物较为柔软脆弱，一般不使用抛光轮抛光，而是用玛瑙刀或压光笔进行出光。最后清洗烘干，花丝作品制作完成。

五、镶嵌工艺

运用特殊的工具，利用金属的变形应力，将不同形状的宝石稳固地镶嵌在首饰金属托上，就是镶石。

镶嵌工艺一般多用在 K 金首饰上，因为 K 金材质相对硬度要大一些。当然也有适用于足金、铂金等较软材质上的镶嵌方法。

1. 几种常见的镶嵌技法

（1）爪镶　爪镶，顾名思义，是利用金属爪达到固定宝石的方法，如图 2-1 所示。爪镶能够最大限度地突出宝石，透光性好，用金量少，加工方便。一般有两种工艺方式：一种是直接将金属爪压弯扣紧宝石，这种传统的爪镶主要用于弧面形、方形、梯形、随意形宝石和玉石的镶嵌；另一种则是在镶爪内侧车出一个凹槽卡位，通过向内侧挤压卡位，达到卡住宝石的目的，这种方式比较现代，主要用于圆形、椭圆形等刻面型宝石的镶嵌。

根据镶爪的数量可将爪镶分为二爪镶、三爪镶、四爪镶、六爪和八爪镶，例如著名的"蒂凡尼镶口"指的就是典型的六爪或八爪镶嵌，常用于钻石等透明刻面宝石的镶嵌。镶爪的形状可分为三角爪、圆头爪、方爪、包角爪、尖角爪和随形爪等。嵌爪可以进行共爪镶嵌，即一个镶爪可以兼顾固定两颗宝石。形状上的变化赋予了首饰丰富的装饰效果，同时具备固有的镶嵌功能。

图 2-1　爪镶

（2）包镶　包镶是用金属边沿宝石四周围住的一种镶嵌方式，这种镶嵌方法比较牢固，且不易修改，适合于颗粒较大的凸面和异形宝石的镶嵌，如图 2-2 所示。由于金属边的包裹面积较大，透光性相对较弱，不利于透明宝石的镶嵌。根据金属边包裹宝石范围的大小，包镶一般可分为全包镶和半包镶两种。包边金属的厚度根据宝石的大小和包边的形式决定，一般用于包镶小型素面宝石的金属片厚度为：标准银 0.3mm、黄色 18K 金 0.2mm。

图 2-2　包镶

（3）夹镶　夹镶又称为轨道镶、迫镶、逼镶或槽镶。它是在首饰镶口两侧车出沟槽，将宝石腰部夹入沟槽的镶嵌方法。如果是多颗宝石镶嵌，宝石呈直线形夹在两条金属"轨道"中间，一般用于小颗粒宝石排镶或豪华款式的曲线排镶，宝石与宝石之间的位置排列紧密，整齐美观。图 2-3、图 2-4 分别为单粒逼镶和排逼镶。

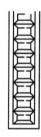

图 2-3　单粒逼镶　　　　　　　图 2-4　排逼镶

（4）闷镶　闷镶也称为打孔镶或窝镶，如图 2-5 所示，就是预先在金属上根据宝石的腰部大小打孔，在孔内修出底座，通过挤压四周金属夹紧宝石的镶嵌方法。从侧面看，宝石的顶部与金属面基本持平。从顶部观察，宝石的外围有一圈下陷的金属环边，能够在视觉上达到增大宝石的效果，主要用于小颗粒刻面宝石或副石的镶嵌。

图 2-5　闷镶

第二章　首饰起版工艺基础

（5）钉镶　钉镶是在镶口旁制作小钉来镶住宝石的一种方法，主要用于直径小于3mm的小颗粒宝石或副石的镶嵌。随着技术的进步，出现了更为细致的钉镶来源于手表镶嵌钻石的工艺。除此之外，常见的钉镶方式有起钉镶，需要在金属上预先打孔，并剔出一个座口，从离宝石1.6mm的位置开始，铲起旁边金属起钉，接着铲掉宝石与钉之间多余的金属，并整理出相应的造型。根据镶嵌时钉与宝石相互配合的方式，可分为三角钉（三钉一石）、四方钉（四钉一石）、五角钉（五钉一石）、梅花钉（六钉一石）等形式，根据钉镶的排石方法可以分为规则群镶和不规则群镶，如图2-6所示。

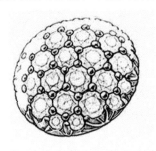

图 2-6　钉镶

（6）无边镶　无边镶是用金属槽或隐秘的轨道固定住宝石的腰部，并借助宝石之间以及宝石与金属边之间的压力达到固定宝石的一种镶嵌方法，也称为隐秘镶。从表面看上去，宝石之间排列紧密，没有金属边框，首饰整体感觉豪华，张扬跳跃，如图2-7所示。

图 2-7　无边镶

（7）缠绕镶　缠绕镶是将金属线缠绕起来固定宝石的方式，多用于随形宝石的镶嵌。粗加工的半宝石，比如白水晶、紫水晶、发晶、芙蓉石等，色彩丰富，形状不规则，可以用缠绕镶的方法进行镶嵌。使首饰的表现多样化和个性化，一定程度上添加了整体的艺术感，如图2-8所示。

图 2-8　缠绕镶

贵金属首饰起版技艺

8

2.镶嵌工艺基本操作步骤

（1）配石　根据镶口的大小，镶嵌方式不同，配备合适的宝石供给待镶嵌工件进行后续工序。

（2）上火漆　将货品固定在火漆棍或碗上。

（3）定位　根据配好的宝石在镶口位置进行定位，确定待镶嵌宝石的高低位置，用油笔在镶口上标注好宝石卡位的位置。

（4）车卡位　根据宝石定位的位置，用伞针或飞碟针在定好的位置处进行车位，将位置车到爪截面尺寸或边厚的1/3处，保证爪、边的力度。

（5）下石　将宝石放入预先调好的镶口内，再确认宝石和镶口是否放置均匀，表面平衡，不会松脱，不会偏置，而且要完全吻合。

（6）固石　将放进镶口里的宝石加以固定。固定时必须根据各类宝石的硬度来选择力度，使用钳工用具时用力务必均匀，如用力过大，会损坏宝石；用力不够，可能固定不牢，容易松脱。落石镶嵌时，应对称轻力钳回爪，确定石头平稳后，用力钳实，也可敲实。

（7）吸钉/执边　经过以上工序后，难免留下钳痕、锉痕，这样将有损首饰整体美观性，因此必须加以修整，尤其是爪长的还要剪短，剪短后用大小合适的吸珠针将爪吸圆。或者将宝石边缘用铲刀修理顺滑，再用锉刀将边缘修理平整。修爪时必须注意戒面的安全，最好用手指保护好宝石，再把爪或边用锉和砂纸修圆、修滑。

（8）自检　一定要自己检查一遍质量如何，这是下火漆前的重要步骤。

（9）下火漆　用焊枪熔化火漆，将产品从火漆中取出。

（10）洗火漆　待火漆冷却后，用茶格将镶好宝石的货品放入稀释剂中加以浸泡，再放入超声波清洗机内震洗。

第二节　首饰起版工艺美学分析

"技"就是"艺"，"艺"也就是"技"。如，古希腊文"Tekne"一词，既可以理解为"艺"，又有"手工和制作"之意，以它为词根的"Technology"专指技术和工艺。同样，英语的"Art"也是很好的例子，这个词一般译为"艺术"，而"Art"的词源"Skill"，则是"技""巧"之意。从古代设计艺术史和工艺美术史来看，其技术、工艺的成分和艺术的、美的因素是密切联系、浑然一体的。

在古希腊时代的艺术理论中有这样一个理解："艺术与其说被理解为美的东西，不如说它首先被认为是属于制作的能力乃至活动的技术。"或者我们可以这样说，艺术是一种"生产美的能力"，是依赖于工艺的美的价值的生产。法国人类学家克洛德·列维·斯特劳斯有一句名言："技艺是人在宇宙中为自己找到的位置。"

本来艺术是以美为本质的存在，然而为了实现其价值，就必定要借助于技术的力量。它以美的价值为创作目标，这也是技艺的目标之一，只不过艺术是一定程度上精神化了的活动，不像技术只是未经处理、原样呈现美的现象。艺术作为人的一种活动，主要与两个领域的关系非常密切，一个是美，另一个便是工艺技术，所以艺术中必然也包含这两个领域的一部分。从"起版技艺"这一称谓中也可以看出，一半是技，一半是艺，两者结合缺一不可。

一、 工艺性质

"工艺"一词，按照中国传统的解释，就是百工之艺。尽管在中国古籍里，工艺里面的"工"有时候也泛指工匠，如《考工记》记载："知者创物，巧者述之，守之世，谓之工。"但更多的时候是指"工艺""工巧"等。《说文解字》记载："工，巧也，匠也，善其事也。凡执艺事成器物以利用，皆谓之工。"又说："工，巧饰也。"可见，古代"工"与"巧"是紧密联系在一起的。所谓"能工巧匠""巧夺天工""天有时，地有气，材有美，工有巧。合此四者，然后可以为良"。"工有巧"，即工艺要精湛巧妙，并以此顺应天时、适合地气、材质优美作为制造精良器物的必备条件。现在来看，"天有时，地有气"是成事的客观条件，"工有巧，材有美"是成事的主观条件。如果说，材料是器物的物质基础，那么工艺则是完成器物的必备过程，材因工而美，工因材而更巧。当然，这里的工并不单指技术、方法，而是一种审美的感受，也就是工艺之美。

二、 造型之美

我们这里所说的造型，是指器物的基本形态，包括器物的外形与结构。当然，根据现代设计形态学的理论，造型应包含形态、色彩、质感、空间、时间研究，但形态无疑是器物造型环节中最为关键的要素。⊖

提起器物造型的起源，要从距今数十万年前的旧石器时代说起。当时的人们依据生活需要，对各种各样的石器、骨头、木材等不断进行变化与加工时，那些成品器物的形态便无数次地映像到原始先民们的大脑中，由此便产生了对外部形式的感受，逐渐形成了器物的造型观念。

恩格斯在《反杜林论》中就曾说明，形态的概念和数字的概念一样，都是完全从外部世界得来的，并不是人类的大脑由单纯的思维活动产生的。需要先有一定形状的物体，然后把它们放在一起进行比较，这样之后才能形成形态的概念。

青铜器的造型，在原始瓷器的基础上又有了新的发展。不同的时代，人们的生活习惯不同也会导致器物造型的细微变化，从审美到实用都是随着人类的观念不断更新的。对青铜器的造型进行排比分析，主要有几何形和自由形两大类。

此处以鼎为例，一般来讲，鼎的造型有的是球形的，有的是方形的。最初的圆鼎是殷商和周初期的（图2-9），这种鼎的腹部曲线最鼓的位置相对较低，整个器物的重心是向下的，方中有圆，形态颇为硬朗。器物一般肩部配有两个提梁，底部为三足以保持平衡，甚至从任何角度看都非常端正、稳重。后来，随着时代的发展，器形亦有所变化。

到春秋战国时期，最常见的要数圆鼎（图2-10），腹部的最高点则向上推移，直到接近附耳的部位，整体呈现出柔美的半圆形曲线，其足部也呈现了较为小巧的S形，造型活泼可人又不失柔美。方形造型的鼎，只有商周初期才出现，以后母戊鼎为代表。尽管后母戊鼎在当时作为王室祭祀器物供人们膜拜，但它不管是造型还是纹饰始终让人觉得神秘又庄重。其实，此时后母戊鼎的造型已经有意无意地呈现出毕达哥拉斯发现的黄金比例了，只是中国古代的匠人并没有把它上升到理论层面，但这并不妨碍器物造型美的呈现。

⊖ 董海.浅析河南浚县"泥咕咕"的审美价值[J].文艺界（理论版），2012，10:310.

图 2-9 圆鼎——子龙鼎　　　　　　　图 2-10 春秋时期"安邦"鼎

　　像后母戊鼎这样的专为祭祀而生的方形器物逐渐减少，尤其是西周后期。但这种造型的器物并没有消亡，随着时代的发展，器物的造型也在不断地翻新。春秋时期最著名的器物要数莲鹤方壶（图 2-11），俯视器物整体依然是方形的造型，而正面观察则是类似于一个以方形为切面的大钱袋，颈部收紧，腹部鼓起。壶顶部有莲瓣围绕着一只展翅欲飞、睥睨万物的神鹤，这也便是"莲鹤方壶"名称的由来。整体造型有进有出，韵律感极强，宏伟气派，装饰典雅华美。其构思新颖，设计巧妙，融清新活泼和凝重神秘为一体，是我国古代青铜器工艺与艺术相结合的典范。

　　青铜器的造型有几何形，也有仿生造型，汉代不同于商周时期的青铜器造型，多是以模仿动物为主，在模仿动物的同时出现了很多模拟人物造型的作品。这些仿生造型的金属制品不论实用价值还是艺术审美都值得我们去研究。

　　湖南醴陵出土的商代晚期象尊（图 2-12），以象的形象作为创作来源，模拟了大象鼻子喷水的这一生理特征，将大象的鼻子做成了象尊的流，象鼻向上弯曲做喷水状，非常形象活泼。这种仿生的形态造型源于自然又不同于自然，它是经过艺术家处理过的形象，是抽象、夸张的造型，用在器物上更加增添了生活情趣。

图 2-11 莲鹤方壶　　　　　　　　　图 2-12 象尊

　　汉代的长信宫灯（图 2-13），是模仿人物造型的佳作。器物中的宫女呈现一种跪坐的状态，宫女头梳发髻，头发上盖着巾帼，上身平直，双膝跪地，手持灯盏。点燃灯芯，这时灯内的烟雾通过宫女的右臂，被吸入器物空腔中，这样一来便不会影响灯具的美感，反而灯火的照映与通体鎏金的外形交相辉映，更提升了整体形象的魅力，从而达到了审美与实用的高度统一。

放眼国际，丹麦著名建筑师、设计师、作家凯·费斯科尔，20世纪初开始涉足银器，他既能够制作非常传统的银器，同时也能创作出具有现代审美情趣的艺术作品，他的作品大都采用较为流畅的造型，以完美的线条结合了实用与审美。在他的众多作品中，那把流线型的银壶是他艺术理念的完美呈现（图 2-14），饱满的造型，精致的工艺，简约中不失优雅，规矩中不失活泼，把线条的美感发挥到极致。

图 2-13　长信宫灯

图 2-14　银壶

约翰·罗德，1920 年设计的一个形式前卫的水壶（图 2-15），被公认为表现丹麦银器简约风格的经典之一。水壶的瓶身线条优美，斜向一边的瓶口设计，往下延伸，画出美丽弧线的握把。瓶身和握把，两个各成独立的部分，完美结合，宛如一体。整个水壶造型简约大方，只在壶把下方加了一点修饰物，但无损它的干净利落。

以最精简的线条、最朴素的造型著称的是薇薇安娜·朵兰。她基于女性独特的视角，认为脖子的优美曲线让线条简约的银项链衬托，胜于使用钻石的效果。于是她开发出许多配有各种连缀的银链（图 2-16），其精美的效果分别为她赢得"米兰三年展"的银奖和金奖。20 世纪 60 年代在为乔治·杰生公司设计一系列珠宝（图 2-17）和生活用品时，她以轻盈流畅的线条、简洁大方的造型征服了各界。这枚纯银拆信刀是薇薇安娜 1989 年的作品（图 2-18），只是简单的一个反带结构，就把线条的美感发挥到极致。

图 2-15　水壶

图 2-16　银链

图 2-17　薇薇安娜·朵兰设计的珠宝　　　　　图 2-18　纯银拆信刀

　　丹麦品牌乔治·杰生将纯粹的北欧精神延伸到实用的生活用品当中，采用不锈钢、铝金属材料和银，制作餐具、烛台、办公用品、礼品等。每一件作品的创意都令人惊叹又匪夷所思，异常简洁的造型中蕴含着典雅和幽默，如图 2-19 所示。

图 2-19　乔治·杰生的作品

三、材料之美

　　贵金属起版技艺的材质之美，无疑是指金属这一材料的艺术美感，这也是贵金属技艺的特点之一。早在先秦工艺典籍《考工记》中，已经对材料的重要性有所理解："天有时，地有气，材有美，工有巧。合此四者，然后可以为良。材美工巧，然而不良，则不时，不得地气也。"

　　《考工记》中提出只有材料和工艺相结合才能创作佳品，这一创作理念直到今日仍旧被奉为金玉良言。材料是构成器物的物质基础，而器物从选择材料到最后制作完成的过程，就是对自然材料的筛选、加工和表现的过程。离开材料，器物的成型和制造就无从谈起，正所谓"巧妇难为无米之炊"。

　　贵金属起版技艺不同于其他艺术形式，对于贵金属技艺来讲，材料是进行一切艺术创作都必须要考虑的因素。不同的金属材料有不同的性质，以金银来讲，其与生俱来的光泽和质地已经注定了其贵金属的地位。金属材料的触感、纹理本身就是一种美。也正因如此，从古至今历代的匠人们，在对金属器物进行修整处理时，大都着意维护其材料原始的模样，与此同时运用多种工艺技法丰富和完善材料的美。

如果是昂贵的材料，能工巧匠在制作时会更加注意对其材料自然美的保护。例如唐代的金银器，匠人们在对其表面进行加工处理时，一般只采用锉、抛、花丝等工艺，从不会用到彩绘等需要改变材料本身质感和色彩的工艺。在银器上虽然部分纹饰会用到鎏金工艺，但这并不违背材料美的观点，相反鎏金工艺赋予金属器物金碧辉煌的效果，在一定程度上更加突出了金、银材料的本色之美。

材料给人的视觉享受是一方面，生理上的触感也是不容忽视的。试想如果一件非常好看的大衣，颜色艳丽又合体，可穿在身上却无比难受，那么会有人愿意为这件只能远观的衣服买单吗？贵金属制品中的首饰同样是与人们日常生活联系紧密的，时不时地与人有着肌肤之亲，所以，材料的触感尤其重要。

第三节　首饰起版工艺结构分析

一、设计图分析

一件首饰设计完成后，需要经历一个复杂的过程才能让人真正看到它。当工艺师拿到一份设计稿件时，他会仔细分析，目的是将平面设计转换成立体三维的实物。

当分析一件首饰设计图时，最重要的是确定作品的主体部分，并正确划分主体，了解什么是重要的制作对象，什么是次要的装饰。设计图样分解的基本工作程序可以总结如下：先内后外，由下而上，确保局部的细节和整体的完整性，并注意每个部分的形状变化和每个部分的尺寸。

用三视图来表达珠宝首饰的结构是一种更加完整和科学的方法。在珠宝生产的整个过程中，三视图应用将越来越受到人们的欢迎。如何正确理解和认识产品的三个视图，关系到产品的制作过程，成品质量和效果。例如，珠宝有整体铸造成型，也有手工复合成型，真正属于哪一种必须从三视图角度来理解和诠释，否则不符合工艺要求，影响产品效果。要理解传统产品的三视图表达，应该掌握以下几点。

1. 比例关系

解读设计图时，首先应该注意设计图和产品之间的比例。这是因为设计师在绘图时，经常为了突出效果，或者考虑结构清晰，而选择略大于实际尺寸的画法，但是因为一些首饰品类的外貌相似，如果不注意，很容易混淆，如戒指和手镯。所以在阅读图样时，首先注意观察图样的比例是否是1:1，或者为放大或缩小比例。

2. 结构关系

首饰的三视图主要表现产品的外观，但对于首饰的内部结构处理、表面处理，可能会展示不清晰。因此，我们应该重视这些问题，以便合理安排生产流程。首饰的结构一般情况下可以处理成焊接、铆接等。在特殊情况下，就应当以不同的方式处理，商讨出一种最合适的工艺表现方式。

再看表面处理，可以是天然材料的外观，也可是在材料表面进行特殊加工之后的外观，这需要我们认真了解后再决定实际操作步骤。

3. 首饰常规产品的尺寸标注

一般而言，首饰产品的三个视图都要标注尺寸。在实际设计和生产过程中，尺寸通常使用两种方法：一种是1∶1画三视图（图2-20），这时明显和基本的尺寸可以不去标注，但一些细节的不常见结构需要标注；另一种是非1∶1的比例或特殊的产品图稿，这种就需要在图样中非常详细地标注各个位置的尺寸。有些首饰产品的部件可能是比较写实的动植物形象，有着较为复杂的翻转结构，很难标注尺寸。这种情况则需要工艺师根据经验和个人审美能力来把控，使得整件产品看起来比例匀称，美观。

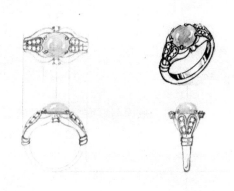

图 2-20　首饰三视图

二、 结构组成分析

在制作一件首饰之前，首先要了解每种首饰类型的组成部分，以及常见的结构、配件等。

1. 戒指

戒指也称为指环，是佩戴在手指上的饰品。戒指是款式最丰富、最具有象征意义的首饰，也是被我们称作戴给自己看的首饰，因为不论何时你只要抬起手就能看见它，不像其他首饰类型需要借助镜子等外物。由于戒指多佩戴在一个手指上，而手指又是活动最频繁的部位，所以其大小及形状的局限性强。戒指适合佩戴的宽度一般在 4～8mm，太宽则会影响到手指的灵活性。戒指截面的装饰物不能太细或太尖，否则不但会伤害佩戴者或他人的肌肤，还会损坏衣物。

一般来说，戒指的造型设计追求轻松自然的格调，不宜烦琐堆砌，视觉上的审美意义尤为重要。

一般而言，戒指分为两大类：一类是金属戒指，是指没有镶嵌任何宝石的素金戒指（图 2-21），分为素圈戒指和花式戒指两种；另一类是宝石戒指（图 2-22），款式较为简洁，如人们常见的钻石戒指，群镶戒指则由多粒宝石镶嵌而成，有的均为小颗粒宝石，也有的是主石和副石相结合的方式。

图 2-21　素金戒指

图 2-22　宝石戒指

如图 2-23 所示，戒指的主体一般由戒面、戒肩、戒腰、围顶、指圈和戒圈六个部分组成，每个结构具体所指的部位如下：

（1）戒面　手指背上的主要观赏面，体现戒指的主体造型。群镶戒指的戒面又可细分为主石和配石两个部分。其中，主石是镶嵌在戒面中间的宝石，颗粒相对较大，一般位于戒指的最高部位。配石起到衬托主石的作用，颗粒小于主石。

（2）戒肩　戒面与戒圈之间连接的部分。

（3）戒腰　指圈与戒面和戒肩之间形成的空间，该部分经常添加花纹作为装饰。

（4）围顶　戒腰下部，隐藏在内，与手指背接触的部分。

（5）指圈　指戒指的内圈，手指套入的部分，一般为正圆形。

（6）戒圈　指戒指的外圈，与戒面和戒肩连接。

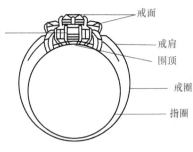

图 2-23　戒指结构

2. 吊坠

吊坠是最常见和最基本的首饰类型之一，市场占有率很高，在设计与制作时需要注意重心问题，考虑佩戴的效果，不要出现倾斜的情况。

根据吊坠的结构特点，吊坠分为以下三种类型。

（1）带瓜子扣的吊坠　这种吊坠较为常见，结构相对简单，坠与扣的连接处易于加工，并能有效地限制用金量，整体给人简洁明快的感觉，如图 2-24 所示。制作时可将瓜子扣的"瓜子形"制作成其他形状，比如皇冠、圆形等，使其表现多样化。

图 2-24　带瓜子扣的吊坠

（2）隐秘扣式吊坠　此类吊坠多以直接焊接在吊坠后侧顶部的金属环或镶嵌有宝石的金属环来取代瓜子扣，从正面看没有明显的连接部位，和整体造型结构浑然一体，如图 2-25 所示。制作时需注意其与项链连接处的结构不要太繁乱，以免将项链卡断。

（3）多层吊坠　由两层及两层以上吊坠部分组合或者重叠在一起，可以构成多层吊坠，如图 2-26 所示。这种吊坠款式相对复杂，彰显豪华尊贵感。制作时应注意每层的体积不宜过大，且每个部分之间的连接要简洁而牢固。

图 2-25　隐秘扣式吊坠　　　　　　　　　图 2-26　多层吊坠

3.项饰

佩戴于颈部的饰品统称为项饰，常见的有项链和项圈。

项链在结构上为多个可活动的单元连接成的一条链，链的一端是尾链，另一端是搭扣，并依靠搭扣和尾链扣紧而形成一个闭合的环形。项链按其长度可分为贴颈链、短项链、公主链和兜链等。贴颈链最短，约为 30cm，紧贴颈部。短项链是最为常见的项链，佩戴在锁骨下方部位。一般情况下，短项链内圈的直径以 13cm 为基准，周长为 42cm。公主链长度为 45 ~ 48cm，彰显尊贵的感觉，珍珠项链尤为多用。兜链则更长，一般为 50 ~ 58cm，比如"嘻哈"风格的银饰。

项链每个单元之间的搭扣应该是能活动的，连接处不能焊接，而应该采用环环相扣的方法连接上去。同时，链扣的制作需要考虑连接的稳定性，常见的链扣如图 2-27 所示。

项圈通常是由金属片、实心和空心管圈制而成，一般直径在 15 ~ 18cm。

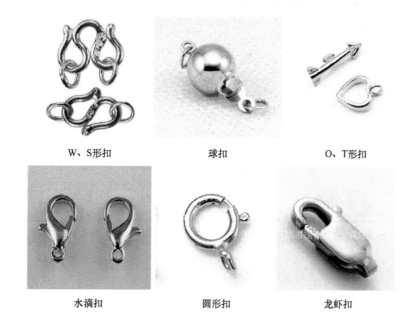

W、S形扣　　　　　　　　球扣　　　　　　　　O、T形扣

水滴扣　　　　　　　　圆形扣　　　　　　　　龙虾扣

图 2-27　常见的链扣

4. 耳饰

耳饰是佩戴在耳垂或耳朵软骨部位的饰物，一般成对制作，常见的类别有耳钉、耳环、耳坠、耳线、耳夹和耳钳。其中，耳夹主要是针对没有耳洞的人群所制作的，如今也出现了一些个性化的耳饰品。有的佩戴方法比较特别，比如悬挂式，可以像耳机一样挂在耳朵上方。有的左右两边的造型和纹饰各异，细节上具有呼应性，或者颜色互补。

（1）耳钉　耳钉是直接在设计主体的背后焊接一根耳针，插针的直径一般是0.8 ~ 1mm，长度在1cm左右，利用耳背固定在耳朵上。因为耳背固定性较弱，这种款式适合用在比较轻的设计款式上，如图2-28a所示。

（2）耳环　耳环是在耳部的环状装饰品，英文名称为"earring"。这种环形的封闭式结构除了最普通的圆形外，还可以表现出多种多样的形状，比如三角形、星形、心形等，如图2-28b所示。

（3）耳坠　如图2-28c所示，耳坠分为两个部分：一部分是与耳朵固定的部分，由耳钉或者耳钩组成；另一部分是耳坠的主体，与前一部分以活动的方式连接。耳坠活动性较强，能伴随人体的摆动呈现摇曳的美感。制作时应注意耳钩不宜过粗，直径约为1mm。耳钩末端不宜过尖，否则会给佩戴造成不适感。

（4）耳夹　耳夹是在款式主体的背后焊接一个夹子，靠弹力固定在耳朵上，没有耳洞的人群也可以佩戴（图2-28d），其中弹力夹的粗细为1.2mm。也有的耳夹是与耳针相结合，佩戴更为牢固，但有耳洞的人才能佩戴。

（5）耳钳　如图2-28e所示，耳钳在主体的背后焊接螺母夹，通过旋转螺母达到固定于耳垂的效果。

a) 耳钉　　　　　　　b) 耳环　　　　　　　c) 耳坠

d) 耳夹　　　　　　　e) 耳钳

图2-28　耳饰

5.胸饰

胸饰是人们佩戴在胸前的一种装饰品，包括胸针、别针、插针、胸花等。制作时需要注意重心问题，别针应在胸针整体偏上 1/3 的位置，如发生位移，胸针容易倾斜。其余便是要考虑背面别针的固定方式，要易于佩戴，且固定性强，不易脱落，同时使针尖不会对人体或衣物造成伤害，如图 2-29 所示。

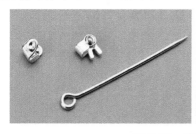

图 2-29　胸针常用配件

6.手链

手链是活动性较强的封闭式链条结构，并在两头焊接上相应的连接环节。手链的长度因佩戴者手腕的大小而异，但通常为 16 ~ 22cm。手链按照其形状一般可分为三种类型。

（1）节链型手链　以某一图案作为一个单元依序进行排列组合，类似于图案里的二方连续纹样，选用一个固定元素做多次重复延续，每个单元的大小和形状基本保持一致，有的镶嵌宝石的手链会在链头和链尾处减少或取消宝石，如图 2-30 所示。

（2）渐变节型手链　图案由中央向两边比例逐渐缩小，图形基本保持一致，如图 2-31 所示。

（3）锁片型手链　中央有一个主题造型，表现可以多变，不一定是片状，两边可以接上链子或皮绳。

图 2-30　节链型手链　　　　　　　　图 2-31　渐变节型手链

7.手镯

手镯与手链一样，都是手腕部位的装饰物，手镯一般呈封闭或半封闭状，固定性较强。大小以手收紧时正好放入，正常情况下又不易脱落为宜，内圈的直径一般为 5 ~ 7cm。一般可分为以下两种常见样式。

（1）封闭式手镯　这种手镯圈口的大小是固定的，只能套入手腕上，没有可活动的环节，比如常见的翡翠手镯。封闭式手镯除了常见的整体圈之外，也可以使其错位式焊接，表现更为生动，如图 2-32 所示。

第二章　首饰起版工艺基础

（2）半封闭式手镯　也可以理解为开口手镯（图2-33），制作时需要注意开口的位置、大小等，确保手镯不易变形和佩戴的舒适感。

图 2-32　封闭式手镯　　　　　　　　　图 2-33　半封闭式手镯

第三章
首饰起版操作技能及制版流程

第一节　首饰起版操作技能

按照当前的科学技术水平，绝大部分复杂且精美的首饰作品是从最基本的手工起版开始的。目前，首饰加工虽然采用了失蜡铸造工艺、电镀工艺和机械加工等手段，但仍然需要人工参与。比如，从设计部门设计出的各种首饰图样，都必须经过"版部"进行起版制作成"模版"，才能进行大量生产来满足市场需求。这里面，"首饰起版"就是生产中最常见，也是最基础的制作环节。

在起版的过程中，通过锯削、锉削、焊接、锤打、打磨等基本工序，根据设计要求，将需要的金属片或金属线制作成各种形状（圆形、方形、椭圆形、环形和其他不规则形的半成品），并将这些金属半成品组合成首饰。

诚然，锯削、锉削、焊接、锤打以及识图制作等能力已成为首饰起版的基础技能。想成为一名合格的首饰起版师，就必须掌握基本首饰制作的基本技法，就必须掌握首饰制作工具及设备的操作要领。

一、锯削

锯，是首饰制作工艺中最常用的工具之一。它主要用来切断管材，以及锯出图样，有时候还可以伸到油锉锉修不到的地方进行修整。相对其他工艺的锯，首饰制作中使用的锯弓小，锯条细，所以称为线锯。常见的弓锯是钢制的，手柄是木制的。与弓锯配合使用的还有各种型号的锯条，根据不同材料，以及材料的规格不同，使用的锯条型号也不同。

二、锉削

锉削是首饰制作所应具备的基本技能之一。锉削可以根据首饰加工的需要，方便地加工出不同的尺寸和形状。在首饰起版制作过程中，锉刀的使用是非常频繁的，从事首饰加工就必须掌握锉刀的使用方法，能够通过锉削来加工各种线材、首饰平面、卜面等。锉修中使用的主要工具是各种型号的锉刀，常见的有平锉、半圆锉、三角锉、方锉和圆锉等。

三、焊接

焊，顾名思义就是将分离的部件焊接在一起，在改戒圈、焊爪等许多地方都需要用到焊接工艺。大部分首饰作品，都是由小部件通过焊接组合完成的。焊接是首饰加工中最为重要的一个环节。焊接技术掌握与否直接决定着初学者能否出师，决定其能否承担贵金属首饰加工制造的决定性技术。

传统焊接工具主要包括：组合焊具（包括焊枪、油壶、皮老虎）、焊瓦、焊夹、焊药、白电油、打火机、硼砂和明矾等。

四、锤打

锤，在首饰制作过程中用处很大。相对压片机，锤打显得更加灵活，在制作过程中仍有很多地方需要用到，比如整平金属片、延长材料、展薄材料等。铁锤在敲打金属的过程中，需要配合戒指铁、铁砧等。有时候为了避免金属表面留下敲打的痕迹，可以用皮锤、胶锤或木锤敲打。

五、打磨

首饰作品经过锉修后，难免会有锉痕，另外，有些"犄角旮旯"地方是锉刀接触不到的，需要用砂纸进行修整。打磨的工具主要是吊机、砂纸棒、尖砂纸、飞碟和扫针等。

第二节　首饰制版流程

一、起蜡版流程

审图识图 ➡ 放样 ➡ 开料 ➡ 配件花叶镶口件制作 ➡ 整体高低位制作 ➡ 表面修整 ➡ 精细加工

二、起银版流程

审图识图 ➡ 放样 ➡ 开料 ➡ 零部件制作 ➡ 组合焊接 ➡ 表面修整 ➡ 审核质量

三、3D 制版流程

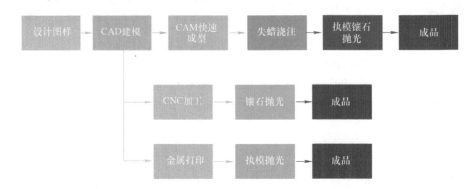

第四章
雕蜡起版

第一节 雕蜡起版概述

一、常用工具及材料

功夫台、吊机、锉（双头锉、平板锉、圆锉、方锉、三角锉、大滑锉和竹叶锉）、雕刻铲刀、电烙铁、戒指刀、戒指尺、手镯筒、锁嘴、锯弓、锯条、圆规、三角板、吊机机针（波针、牙针、桃针、伞针和轮针）、手术刀、卡尺、内卡尺、剪刀、毛扫、砂纸和首饰蜡（戒指蜡、手镯蜡、蜡片），如图4-1所示。

图 4-1 雕蜡工具及材料

二、蜡的类型

蜡雕所用到的蜡根据其熔点不同分为硬蜡与软蜡，两者的硬度由于成分不同也有所区分，硬蜡比软蜡的硬度要大得多。无论硬蜡还是软蜡，都必须具有以下特性：

1）灰分含量低，能完全燃烧。

2）适当的机械强度，硬度高、强度好及韧性佳。

3）软化点要高，即在室温下不易软化变形，并保持高硬度。

4）胶状温度要低，不需高温即可挤制成形。

5）凝固时收缩要小，且外表保持光滑。

6）流动性佳，焊接性好，便于焊接熔合。

7）品质稳定，廉价且易获得，可再生使用。

（一）硬蜡

硬蜡（见图 4-2）含有树脂成分，硬度相对较高，熔点也较高（65～95℃）。硬蜡因成分的种类及含量不同而有硬度和熔点的细微变化，不同的制作商常常在各种硬蜡中加入颜料使硬蜡呈现不同颜色加以区别。

为了方便使用，硬蜡分为块状蜡、管状蜡、蜡片、蜡条（各种形状截面的直线型）等贴近首饰款式的不同种类。块状蜡是立方体，可应用在坠子、胸针、手环的设计上。管状蜡则应用于戒指的制作，可依不同的设计来选择剖面是平面、圆弧面或印台状的管状蜡。蜡片则可以用于制作网底，蜡条则当作镶口配件使用。

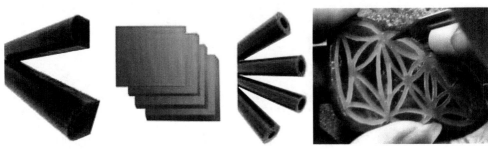

图 4-2　硬蜡

（二）软蜡

相对于硬蜡而言，软蜡（见图 4-3）熔点偏低，质地比较柔软，韧性更好，对于捏造特殊的造型或修补孔洞凹陷等问题较为有利。软蜡也是制造商专门供应的，有扁平状的蜡片、石蜡、直线状的线蜡、黏土状的修补蜡等多样种类。

蜡雕中，软蜡无论切割、组合或弯曲等操作都比较容易，作业时间也不长，是一种非常方便好用的材料。蜡雕从业者常常使用软蜡塑造特殊造型图案，或修补应失误造成的硬蜡缺陷等。

软蜡在加工时与硬蜡有些不同，软蜡用锉刀锉削时容易粘锉刀、粉末容易黏结成团，而硬蜡在锉削时则成为粉末状颗粒，比较干爽，较容易从锉刀上掉落。

图 4-3　软蜡

三、蜡的相对密度

蜡的相对密度为 0.95～1.00。运用石膏模法铸造金属首饰时，可以通过蜡材本身的质量乘上铸造用的金属相对密度，所得之数量即是铸造后金属的质量。例如：以 1g 的蜡为例，铸造后之金属质量见表 4-1。例如，2g 硬蜡所需银（925）的质量为 2g×10=20g，如图 4-4 所示。

由表 4-1 可知，要铸造成 K 金或铂金时，一定要注意蜡的质量，以免造成金属质量过大。

表 4-1　从蜡的质量计算金属质量

金属	相对密度	金属质量（蜡约 1g）
黄铜	≈9.5	1g × 9.5 ＝ 9.5g
银（925）	≈10	1g × 10 ＝ 10g
K 金（18K）	≈15.5	1g × 15.5 ＝ 15.5g
铂金（Pt900）	≈20	1g × 20 ＝ 20g

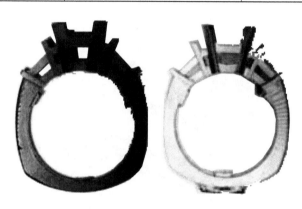

图 4-4　硬蜡（2g）925 银（20g）

四、蜡的厚度

　　在实际雕蜡过程中，创作者应追求用最少量的金属展现最大效果的金属面积。要达到这种效果，创作者往往尽量将造型作品的蜡厚度雕刻到最薄，减轻作品用蜡量即可减少用金量，有时蜡的厚度薄到 0.3mm 以下甚至更薄。

　　但是，由于铸造的原因，如果产品蜡壁太薄的，铸造时会妨碍金属熔液的流动性，容易造成金属不能连接而出现撕裂状断开现象。所以雕蜡时最薄的位置也要达到 0.3mm，镶嵌宝石的位置至少保持 0.6mm 的厚度，戒指的戒圈最薄处（戒脚）最薄也应该达到 0.6mm 以上。此外，厚薄变化的位置要从薄到厚顺延过渡，厚处与薄处相差太多，铸造后的金属容易产生砂洞，所以要注意蜡雕的厚度要平均，如图 4-5～ 图 4-7 所示。

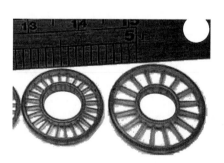

图 4-5　蜡的厚度（1）　　　图 4-6　蜡的厚度（2）　　　图 4-7　蜡的厚度（3）

五、 蜡的搬运与存放

1）蜡本身可以自由地做成各种形状，但铸造后的金属若产生许多不易修整的地方，会制作出不平顺、不漂亮的作品，此时可在这些地方添加较粗的花纹补救。

2）硬蜡虽是可切可削可磨的素材，仍要防止掉落、撞击而破损，尤其当蜡被雕得很薄的时更要注意，以免碰撞而脆裂。要搬运蜡雕作品时，最好放置在铺有棉花等有保护层的盒子内，如图 4-8 所示。

图 4-8　蜡雕作品的搬运与存放

3）软蜡是用手就能轻易弯折的素材，即使指甲或桌角都会伤及蜡的表面，因此最好准备一片干净的玻璃板，把蜡放在上面作业比较安全。

4）雕刻好的硬蜡蜡模在常温下不会熔化或变形，但如果长时间放置于阳光下，蜡模会变脆，所以一般雕刻好的蜡模都会尽快铸造成金属。而软蜡在冬天也会因长时间摆放于空气中而使蜡模变硬及脆化。

第二节　雕蜡起版的工艺流程

一、 开蜡料

1. 操作步骤

起模版开蜡料的工序按照以下三个步骤进行操作，如图 4-9 所示。即：

1）根据图样了解要求。

2）确定具体尺寸。

3）按照尺寸锯下蜡料。

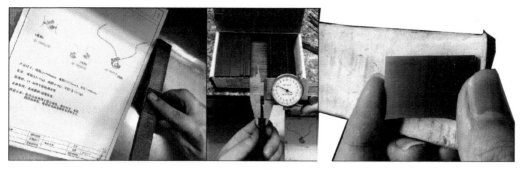

图 4-9 开蜡料

2. 蜡的锯割

蜡材往往都为大块长条状，雕蜡时要根据实际设计的图形或构思锯割合适的蜡材使用。锯割硬蜡的工具有小型锯子及线锯。线锯所用的是蜡工专用的螺旋状锯条（图 4-10），这种特殊结构的锯条无论拉锯或按压都能自由地切割蜡材，不会因产生热使蜡熔化而黏合。

锯割时，先在蜡上以画线器画线做好记号（图 4-10），再沿着线的外侧切割。切割立体的管状蜡时，为避免切歪，可先在各个方向浅浅地割下刻纹，再沿着刻纹平均地从各个方向往中间慢慢地切下，如图 4-10 所示。

图 4-10 蜡的锯割

二、雕刻

1. 操作步骤

起模版的雕刻按照以下八个步骤进行操作：

1）如图 4-11a 所示，将复印好的图样粘贴在开好的蜡料上，然后用钢针沿着图样的轮廓扎穿图样，应注意以下事项：

① 粘贴时应粘牢，防止扎孔过程中图样脱落。

② 用钢针扎孔时，应扎精准线条，防止图样不一致。

③ 扎孔的力度应合适，防止扎出来的孔不够清晰。

2）如图 4-11b 所示，拿开图样，把蜡面上留下的小孔用铲刀连接起来，线条应勾勒清晰顺畅，让图样上轮廓显现在蜡料上。

3）如图 4-11c 所示，用锯弓按照轮廓锯下蜡料，应锯直侧边，防止锯小轮廓。

4）如图 4-11d、e 所示，用各种锉刀、雕刻刀按照图样的层次、形状进行粗坯雕刻，制作时应锉平深痕、批锋。

5）如图 4-11f 所示，用吊机装上不同的针具进行粗坯雕刻（牙针、波针）。

6）如图 4-11 所示，粗坯完成后可以用电烙铁进行细节性修补，还可以用雕刻刀进行细节的雕刻，此时应注意以下事项：

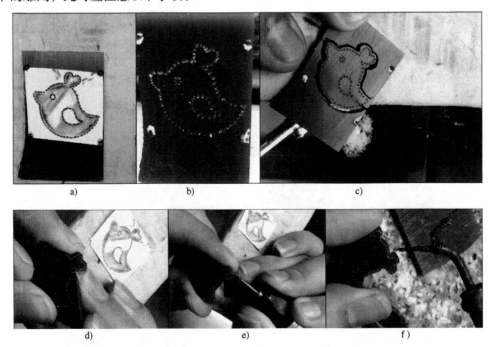

a)   b)   c)

d)   e)   f)

图 4-11　雕刻

① 用电烙铁补蜡时应控制好温度。

② 补蜡时电烙铁不应在同一位置停留太长时间，以防蜡坯变形。

③ 蜡板表面应干净、顺滑，不应有锉痕、起波浪。

7）细坯完成后用波针等工具进行捞底以减轻重量，捞底的厚度应均匀，应控制好蜡版厚度，用内卡尺测量，确保标准，符合生产要求条件下做到最轻，应核对蜡版质量符合要求：

① 光身位厚（0.6mm）、钉砂位厚（0.6～0.7mm）、车花位厚（0.7～0.9mm）。

② 蜡和银的比例大约为1∶11；蜡和金的比例大约为1∶19.3。

8）表面修整，用雕刻刀或砂纸处理顺滑蜡版表面，蜡材的硬度很低，使用最细的锉刀将蜡材修整一遍，然后使用较锋利的刀具将锉痕刮掉，再用砂纸（400#、1200#）或砂布来回擦拭直到展现出蜡材半透明的光泽。

2. 蜡的手工锉削

蜡的锉削方法与金属的锉削方法有一定的差异。首先，从握锉的手势上来讲，锉蜡时由于蜡材硬度低因而容易锉削，握锉刀时可以采用与锉削金属一样的握法和推锉，也可以横着握锉降低手的出力程度。其次，锉蜡的锉刀锉齿比较粗，常用的有双头蜡锉、粗板锉、整形锉等，这些粗的蜡锉用于锉削造型雏形或修整粗坯或锉削较多蜡，如图4-12所示。

图 4-12　蜡锉

要细化蜡表面，使其表面光滑时，应该使用较细的锉刀或使用细锉刀的棱刮磨蜡表面（图4-13），可以细化粗蜡锉留下的粗糙锉痕。要雕出细节纹饰或曲线时，可使用雕刻刀，手尽量握于靠近刀刃处，并留意不要碰伤蜡雕其他部分，小心地作业，如图4-14所示。

图 4-13　蜡表面细化锉削方法

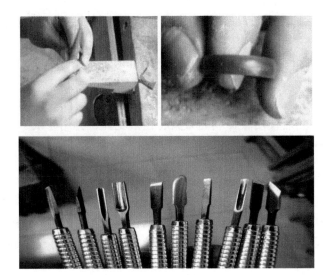

图 4-14　雕刻刀的种类与使用

3. 蜡的电动铣削

市场上有各种形状的金属铣刀，可以装到电动雕刻机上使用。常见的形状有球形、圆头柱形、平头柱形、桃形和斜面形等，这些金属铣刀（又称为菠萝头）安装到雕刻机上后随着电动机转动，相当于快速旋转的锉刀，能以较快速度进行切削。只要熟练使用雕刻机并清楚不同形状菠萝头的工作面效果，完全可以使用电动切削的方式来代替手工锉削，完成对造型的初步修整或雕刻粗坯，如图 4-15 所示。

图 4-15　蜡的电动铣削

4. 蜡的内侧挖空

有时我们雕蜡时只需从正面看见蜡的造型面，而对底部没有什么要求，可以是实心的也可以是空心的，将底部处理成凹陷的空腔状有利于减少铸造时金属的使用量，往往对正面无法观察到的造型底部做挖空处理，我们常常将这种操作称为掏底或挖底。

掏底时要注意以下两方面的要求：

第一就是关于蜡的厚度，不能掏底后使成形的蜡面太薄无法满足铸造的要求。掏底是一层一层地将蜡掏掉，不可一次掏得又小又深，应该将需要掏底的地方整个面一层一层地掏，可以保证面的平整。将蜡模内侧挖薄之后要量它的厚度。厚度量规是专门测量厚度的工具（图4-16），量规前端越尖越方便测量细微部分的厚度。

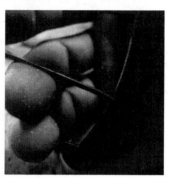
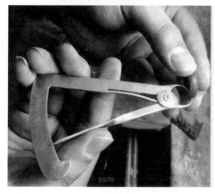

图 4-16　蜡的内侧挖空及厚度测量

第二就是掏底的形状应该与正面的形状一致，即掏底就相当于将正面的形态同等地缩小掏掉一部分，如果正面形态是立方体，则掏底空腔也是立方体；如果是蛋形弧面，则掏底空腔也是蛋形弧面形态。例如：拱面掏拱形底，平面掏平面底，即底和面是平行的，如图4-17所示。

图 4-17　掏底的形状要求

掏底可使用手握式电动雕蜡机，电动雕蜡机装有调整旋转速度的控制器，注意避免将速度调得太快，最好速度适中慢慢地打薄，一层一层地挖空，不可一处多一处少地到处胡乱挖空。电动雕蜡机（图4-18）有全套专用的金属铣刀，它有各种不同形状的刀头，通常最常使用的是球形菠萝头（图4-19），最好准备大、中、小、极小等齐全的尺寸以方便使用。掏底时，当挖到一定程度后，将金属铣刀夹在针钳当中或直接手持菠萝头，以手工方式来修饰内侧或使用前端如挖耳棒般的金属刀具来修平、打磨表面。

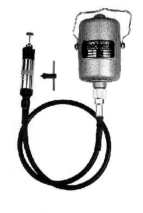

图 4-18　电动雕蜡机

各种形状的金属铣刀　　　　圆球形铣刀

双头锁嘴

各种雕刻刀　　　　加工修整用刀具

图 4-19　金属铣刀和刀具

5. 蜡的表面细化处理

要使硬蜡的表面呈现较细的光滑面，操作时可使用细尖刀及砂纸。

（1）细尖刀刮蜡　用惯细尖刀的人能如同用刨子刨削木板一样来刨蜡，而且又快又漂亮，但对用不惯细尖刀的人，则可能伤及蜡模，最好避免使用。就算是用惯细尖刀的人，也要留意不可过度使力，要小心刮蜡，采用稍微倾斜细尖刀的方法进行刮蜡，同时，细尖刀的刀刃不要太尖锐，这样会比较容易操作，如图 4-20 所示。

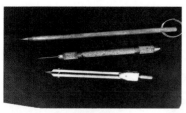
划线工具

细尖刀的使用

各种型号的砂纸

砂纸的使用

竹签与橡皮擦

橡皮擦的使用

图 4-20　表面细化工具及使用

（2）砂纸磨蜡　与锉刀的使用顺序和方法一样，按照砂纸的粗细顺序（从 240# 至 1200#）使用，就能将蜡模表面处理得既干净，又光滑。表面部分可利用剪成小片的砂纸或在竹板上粘砂纸来修饰，如图 4-21 所示。

图 4-21　砂纸磨蜡

（3）手术刀处理表面　用锉刀锉修表面后，蜡件的表面还是有或多或少的细锉纹，一般这种情况下会使用手术刀将蜡件表面刮至顺滑，并将蜡模表面处理得干净、光滑，如图 4-22 所示。

图 4-22　手术刀处理表面的方法

（4）打火机处理表面　有些蜡件的表面要求粗糙的，可以使用粗砂纸打磨出粗面的效果，那么对蜡件表面要求有镜面效果时，可以选用打火机来处理表面，注意用打火机刚点燃瞬间的温度使蜡件表面熔化，不可长时间烧蜡件，要不停地开关打火机，如图 4-23 所示。

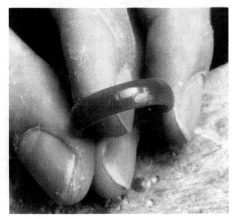

图 4-23　打火机处理表面的方法

（5）使用其他自制工具　蜡是软的材料，除了细尖刀、砂纸外，也可选用其他工具来修饰表面，例如利用橡皮擦或竹签。将其切成小片或前端削尖，即可非常容易地对细部进行处理。

6. 蜡材的熔合焊接

（1）蜡的修补（补蜡）　在加工过程中，若操作失误或者蜡材本身的缺陷（蜡材部分空洞）使首饰模型出现部分缺失，这种情况下就需要利用熔化的蜡来添加修补，俗称补蜡，如图 4-24 所示。

图 4-24　补蜡

如图 4-25 所示，使用电烙铁补蜡的操作过程大致如下：

1）接通电烙铁的电源，电烙铁变热后将蜡粉或者碎蜡熔化成液态，熔融的蜡附着在电烙铁尖端，然后将其黏结到待补的缺失部位，待补蜡位置的蜡也必须达到熔融状态方可能熔合电烙铁上的蜡。

2）待修补位置的蜡熔合之后冷却，使用锉刀或者其他刀具将多余部分修整平整。

图 4-25　补蜡操作

修补时要注意以下几点：

1）练习时先以切割蜡材时剩下或掉落的蜡碎片来做，要留意并牢记蜡熔化的温度，以免温度太高而烧焦。

2）补蜡时，使用电热笔要先将尖端加热至能熔蜡的温度；然后涂上少量的蜡，再熔化下一部分要用的蜡，要以整体能融合为一体的感觉来进行补蜡操作。

3）要注意不要渗入空气，万一产生气泡，要先调整温度再重新补蜡。补蜡完成后，以锉刀修整该部位直到看不出接合痕迹为止。

（2）蜡的拼合　蜡材的拼合是指面积较大的面与面的接合，如图 4-26 所示。

1）在加工过程中，蜡材发生断裂或者蜡材的原料尺寸不能达到所需要的尺寸时，可以利用蜡材的特性将两块蜡材拼合到一起。拼合时将两片蜡材分别锉平，放在平台上，用电烙铁尖端在拼合部位均匀地点几个点，使两片蜡材相对稳定地黏合在一起，反面也如此点几下。

图 4-26　蜡的拼合

2）用粗一点的烙铁头将蜡片接触边缘进行熔合，等蜡冷却后在背面对称的位置也进行熔合。正反两面一定要对称操作，防止蜡材冷却后变形。将两面充分熔合后，补平因熔合造成的局部塌陷，然后将整个蜡片修整平滑，如图 4-27 所示。

图 4-27　蜡面的熔合与修整

3）如果需要拼合的蜡材较厚，可以将需要拼合的部位先打磨成斜面，然后再进行熔合，如图 4-28 所示。

图 4-28　蜡材的打磨与熔合

（3）蜡的焊接　蜡材的焊接是指使相对细小的材料进行熔合，一般是指线与线的对接熔合。

1）由于需要拼合的部位较小，所以在熔合过程中需要一定的辅助，例如使用镊子进行夹取。

2）在加工过程中最常用的是使用尖端比较锐利的刀具挑起，然后将待熔合部位对齐进行熔合焊接，如图 4-29 所示。

图 4-29　蜡的焊接

（4）蜡材的堆蜡塑形　如图 4-30 所示，蜡材在熔化的状态下可以自由塑形。将熔化的蜡材滴在玻璃或者瓷砖等物体的光滑表面，待冷却后再附着一层，反复几次便可以塑造出饰品的形状。例如，制作一些简单随意的造型时就可以使用这种方法。

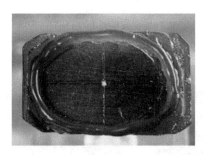

图 4-30　蜡材的堆蜡塑形

7. 蜡的表面纹理

蜡除了在短时间内可做成各种造型之外，蜡的表面也可处理成各种不同的纹路，如粗纹、细纹、凹凸纹等，创作者可借由表纹来展现及享受原创的乐趣，如图 4-31 所示。

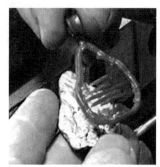

图 4-31　蜡的表面纹理

硬蜡与软蜡的熔点不同，以加热法来处理表纹时，硬蜡需要高温，软蜡则要以低温来进行。若硬蜡在太低的温度下进行，所产生的表纹有如以线拉出来的纹路般有气无力；反之软蜡在太高温下进行则易熔化快速而破坏原有造型，所以要注意对温度的控制。此外，不同种类的蜡材各有不同的黏性，所以最好先在小片的蜡上练习，等练熟之后再实际作业。

各种表纹的处理大致如下：

（1）线纹　可利用针或前端尖锐的金属刀具在蜡上刮出细线，以细线为表纹也能发展出各种创意的纹路来，如图 4-32 所示。另外，还可用竹签或金属刷子等工具来做出不同效果的线纹，也能利用加热的金属刀具在蜡上做出间距较大的线纹。

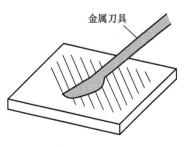

图 4-32 线纹

（2）槌纹 使用前端如挖耳勺状的金属刀具可刮出半圆球状的纹路，或将之加热后在蜡上按压出凹槽状的模样（图 4-33），相对的也可应用此法从背后做出凸形的槌纹。

图 4-33 按压槽纹

（3）点蜡式表纹（亮纹） 以金属刀具沾一点蜡加热后，可在蜡上点出线状或圆珠状凸纹。点蜡非常光滑，铸造成金属后特别亮丽，有光泽，充分展现了蜡材独特的味道。将很多的小圆珠并排在一起，可做出如粒金（以焊接的金属粒作为装饰的技法）般的效果。

点蜡时要留意避免温度过高，否则蜡液会滴落四处，一定要小心作业，如图 4-34 所示。

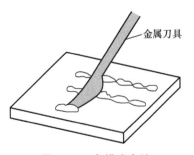

图 4-34 点蜡式表纹

制作小圆珠时运用针比较方便，将针与蜡做成垂直状握好，等蜡快滴下时，瞬间接触，自然形成圆珠状，如图 4-35 所示。

图 4-35　滴蜡表纹

（4）镂空　在厚度约 1mm 的蜡片上，可以熔蜡方式做出镂空的效果。首先将加热过的金属刀具或针插入蜡片，再用力向熔蜡处吹气，当熔蜡飞出时即形成一个洞，洞的形状会因熔化方式不同而有不同的变化，如图 4-36 所示。

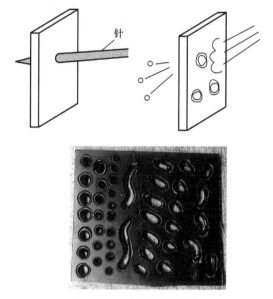

图 4-36　插针吹气镂空

（5）粗糙状表纹　使用黏土状的修补蜡在蜡片上涂蜡，可获得多种不同效果的表纹。修补蜡不须加热就可直接以竹篾将之涂抹在蜡片上而形成粗糙的纹理，若涂抹成花的造型，也能塑造处富有立体感的花纹，如图 4-37 所示。

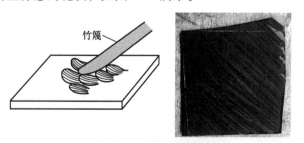

图 4-37　竹篾涂抹造型

硬蜡独特的表纹技法：可利用雕刻刀在硬蜡表面自由地雕刻处各种表纹，如以圆形刀刃、三角形刀刃或其他不同形状刀刃交叉使用皆可雕出各种效果不错的表纹。此外也可将不锈钢棒等自行加工做成不同形状且容易使用的雕刻刀，如图 4-38 所示。

图 4-38　雕刻刀表纹处理

在硬蜡上做表纹加工时，若有镂空或雕成线纹情形，挖底工作需最后再施行。尤其是向下雕刻的表纹，如果先挖底再刻花纹，容易造成破洞情形，所以最好先完成所有的表纹之后再进行挖底，且必须随时留意以避免某些部位太薄。

三、审核蜡版

审核蜡版时应注意蜡版是否符合以下四点：

1）设计师要表达的意图。
2）尺寸、重量、厚度要求。
3）神态形象、生动，结构体现立体感。
4）表面处理干净、顺滑，符合后续生产要求。

第三节　雕蜡起版案例分析

案例一　素面条戒的雕蜡工艺技法

条戒的制作主要采用锉、锯、焊接等方法，具体制作流程如下：

step 01　根据图样的规格尺寸要求准备材料，把材料的一个面锉削平整，如图 4-39 所示。

step 02　在戒指蜡上用卡尺或分规按尺寸要求画线，用蜡锯把所要的蜡锯下来，如图 4-39 所示。

图 4-39　材料的锉削、画线与锯削

step 03 测量戒指蜡的尺寸，看是否达到要求的尺寸（9.5#），如图 4-40 所示。

图 4-40　尺寸的测量

step 04 对尺寸小了的戒指蜡，可用指圈刀扩大蜡的圈口，并测量尺寸（15#），如图 4-41 所示。

图 4-41　扩大圈口及尺寸测量

step 05 把锯削下的戒指蜡锉修好，根据要求画出戒指中心位，如图 4-42 所示。

图 4-42　中心位的确定

第四章　雕蜡起版

step 06 在戒指蜡上画出戒臂的厚度及其他的辅助线，如图 4-43 所示。

图 4-43　戒臂厚度及其他辅助线的确定

step 07 根据辅助线锯出戒指的整体外形。注意适合在线外锯削时，要预留锉修的余地，如图 4-44 所示。

图 4-44　锯出整体外形

step 08 在开好的戒指蜡上根据要求锉修戒指的厚度，可根据实际情况用锉刀锉修或者用吊机打磨，如图 4-45 所示。

图 4-45　锉修戒指厚度

step 09 根据画好的线用锉刀锉削出戒指厚度，注意对称性并保持整个戒圈均匀，完成条戒戒臂的制作，如图4-46所示。

图 4-46　戒臂的制作

step 10 根据要求用不同的锉刀修整戒指表面，使制作出来的戒指均匀对称，如图4-47所示。

图 4-47　锉修戒指表面

step 11 对制作好的条戒，使用砂纸或是手术刀将表面打磨光滑，如图4-48所示。

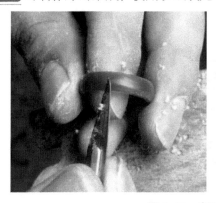 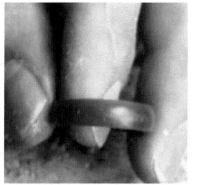

图 4-48　表面打磨处理

step 12 制作好后，应测量戒指厚度及宽度，如图4-49所示。

第四章　雕蜡起版

图 4-49　厚度与宽度的测量

step 13 确定戒指完工之后，再确认戒指的手寸及蜡的重量，如图 4-50 所示。

图 4-50　戒指手寸及蜡重量的确认

案例二　钻石扭臂女戒的雕蜡工艺技法

女戒的制作主要采用锉、锯、焊接等方法，具体制作流程如下：

step 01 根据图样的规格尺寸要求准备材料，把材料的一个面锉削平整，如图 4-51 所示。

图 4-51　准备材料及锉削平面

step 02 在戒指蜡上用卡尺或分规按尺寸要求画线，用蜡锯把所要的蜡锯下来，如图 4-52 所示。

图 4-52　确定尺寸及锯削

step 03　把锯下的戒指蜡锉修好，根据要求画出戒指臂的十字位置及女戒花头的高度，如图 4-53 所示。

图 4-53　锉修及尺寸确定

step 04　画出戒臂的厚度及其他的辅助线，在戒指蜡上画出女戒花头的大小，如图 4-54 所示。

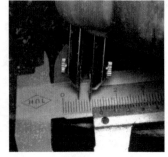

图 4-54　戒臂厚度及辅助线的确定

step 05 根据辅助线锉修戒指花头的高度，将戒指多余的位置锯掉，锉修台面，在一定高度的蜡面上画出中线及花头的大小，如图 4-55 所示。

图 4-55　锉修、锯削及画线

step 06 根据辅助线确认戒臂的厚度，将多余的蜡用锯锯下，得到所需要的位置，用锉刀对开好的戒指进行锉修，如图 4-56 所示。

图 4-56　锯削与锉修

step 07　根据得到的戒指蜡的料，在花头及戒臂位置定十字位，用钻针在正中心位置钻穿，确定这时的位置，根据主石的大小画出主石的尺寸，再用分规沿花头边、耳边各往里 1.5mm 的位置画出二条逼石的边，如图 4-57 所示。

图 4-57　中心定位

step 08　根据画好的线，用锣针在花头位置打出 U 形槽位置，再根据戒指中线用油笔画出扭臂的大小及扭臂方向，如图 4-58 所示。

图 4-58　U 形槽定位及扭臂的确定

step 09　根据扭臂的辅助线，将多余的戒臂蜡锉修掉，得到一个扭臂粗坯，如图 4-59 所示。

第四章　雕蜡起版

图 4-59　粗坯的制作

step 10 在得到的扭臂花头的基础上，当要将花头制作成心形时，应根据中心线将花头上端两边用蜡锉锉修成尖角，如图 4-60 所示。

图 4-60　花头上端处理

step 11 根据图样要求，将花头下半部分修成完整的心形造型，如图 4-61 所示。

图 4-61　修整心形造型

step 12 制作完成一枚扭臂逼镶女戒，如图 4-62 所示。

图 4-62　制作完成的扭臂逼镶女戒

男戒制作主要采用锉、锯、焊接与掏底等方法，具体制作流程如下：

step 01 根据图样的规格尺寸要求准备材料，把材料其中一个面锉削平整，如图4-63所示。

step 02 在戒指蜡上用卡尺或分规按尺寸要求画线，用蜡锯把所要的蜡锯下来，如图4-64、图4-65所示。

图4-63 准备材料及锉削平面

图4-64 画线

图4-65 锯削

step 03 把锯下的戒指蜡锉修好，根据要求画出戒指台面的高度，如图4-66所示。

step 04 在戒指蜡上画出台面的大小，画出戒臂的厚度及其他辅助线，如图4-67、图4-68所示。

图4-66 锉修及高度确定

图4-67 台面的确定

图4-68 厚度及辅助线的确定

step 05 根据辅助线锉修戒指的整体外形，注意台面与戒臂交接处的锉修，使用大板锉的方式，如图4-69、图4-70所示。

图4-69 锉修外形（1）

图4-70 锉修外形（2）

step 06 在锉好的戒指蜡上画出中线，根据中线画出戒脚的宽度，如图 4-71 所示。

step 07 根据画好的线用大板锉锉出戒指两侧，注意对称性与保持整个面的平整，完成男戒戒臂的制作，如图 4-72 所示。戒臂整体效果如图 4-73 所示。

图 4-71 戒脚宽度的确定

图 4-72 戒臂的制作

图 4-73 戒臂整体效果

step 08 根据要求准备好镶口的材料，如图 4-74 所示。

step 09 在准备好的镶口材料上画出辅助线，如图 4-75 所示。

step 10 根据画好的线用锉刀及手术刀修出外斜面与内斜面，注意斜面处交接位置的处理，如图 4-76 所示。

图 4-74 准备镶口材料

图 4-75 镶口材料画线

图 4-76 斜面的修整

将制作好的镶口与戒臂相结合，初步制作出男戒的整体造型，如图 4-77 所示。

图 4-77　初步造型的形成

step 12 制作好造型之后，还要对男戒进行掏底控制成本，以保证制作好的男戒美观且使用价值高，最大程度的为客户制作出精品，如图 4-78 所示。

图 4-78　掏底处理

第四章　雕蜡起版

第五章
手工起银版

第一节　手工起银版的工具及材料

一、手工起银版的工具

手工起银版常见的工具主要包括：压片机、功夫台、钳子（尖嘴钳、圆嘴钳、平嘴钳、剪钳和拉线钳等）、锉刀（分为大、中、小三个型号，类别为半圆锉、圆锉、三角锉、方锉、平锉、竹叶锉和刀锉）、锯弓、焊枪、焊瓦、焊夹、点火器、吊机、吊机铣针（球针、牙针、桃针、伞针和轮针）、吸珠、铁锤、胶锤、戒指铁、戒指量棒（手寸棒）、戒指量圈、窝坑、方铁、坑铁、拉线板、画线工具、分规、直尺、卡尺、内卡尺、索嘴、线芯、铜丝刷、飞碟夹、胶辘、砂纸、明矾煲、毛扫、AA夹、扣链夹、925银焊、火漆、焊粉、白电油和明矾等。

首饰起银版加工中可以根据加工的锉削量选用粗、细不同的锉刀，也可以根据加工不同的部位而选用不同截面形状的锉刀。首饰起银版所需工具如图5-1所示。

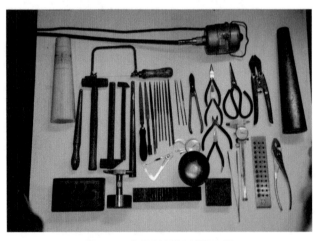

图5-1　首饰起银版所需工具

二、手工起银版的材料

手工起银版常用的材料主要为925银。925银中含有92.5%的银和7.5%铜锌合金。

银为银白色，化学元素符号为 Ag，莫氏硬度为 2.7，密度为 10.5g/cm³，熔点为 961℃，化学稳定性一般，易溶于酸；铜为紫红色，化学元素符号为 Cu，莫氏硬度为 3，密度为 8.96g/cm³，熔点为 1083℃，化学稳定性差，极易溶于酸；锌为浅灰色（氧化锌），化学元素符号为 Zn，莫氏硬度为 2.5，密度为 7.14g/cm³，熔点为 419.53℃，化学性质活泼，易溶于酸。配制 925 银常用的纯银料和黄铜粒分别如图 5-2、图 5-3 所示。抗氧化银补口如图 5-4 所示。

图 5-2　配制 925 银常用的纯银粒　　　　图 5-3　配制 925 银常用的黄铜粒

图 5-4　抗氧化银补口

第二节　手工起银版操作技能

一、备料

　　备料操作包括熔料、压片、拉线、制管等。首饰起银版的备料技能包括起版材料的配制和成型加工技能。其中，对压片、拉线、制管技能的掌握可以大大提高技术人员制版的效率和质量。压片技能是指技术人员熟练掌握压片机的使用方法及材料的变形加工操作；拉线技能是指技术人员熟练掌握拉线板及拉线机的使用方法及线形材料的拉制加工操作；制管技能是指技术人员掌握片材加工成空心管的加工操作。

二、锤打

　　锤打技能是指技术人员使用各种锤子把待加工的工件进行整平、整圆、碾薄延长、弯曲变形等加工操作。

三、锯削

锯削是指起版技术人员使用锯弓对首饰材料进行锯切、镂空、分割等加工操作。锯削技能的熟练水平考查的是技术人员锯切的准确性及锯切面的平整、顺畅度。锯削时根据加工的灵活性，技术人员可以采用上握法和下握法等两种不同的持锯方式进行加工。

四、锉削

锉削是指起版技术人员使用各种锉刀对粗糙的首饰材料表面进行精细、平整、顺滑修饰等加工操作。锉削水平高低很大程度影响到首饰制版质量的好坏，也是首饰起版重要的基本技能之一。锉刀的使用是否合理也能体现技术人员锉削技能水平的高低。

五、摆坯翻石膏

摆坯翻石膏技能是通过橡皮泥，把制作好的各个零部件按照设计图组合排列后，用石膏浆凝固并固定起来的操作过程。

六、焊接

焊接是指起版技术人员使用焊枪加热焊料及助焊剂把两个或两个以上的零部件组合连接的加工操作。焊接技能掌握的好坏，主要考查技术人员是否熟练掌握焊接时火力的把握以及焊料的用量控制。

七、打磨

打磨是指起版技术人员对锉修之后的工件进行砂纸打磨的加工操作。打磨的技巧在于如何很好地掌握各种砂纸小工具的应用及表面打磨的效果。

第三节　手工起银版案例分析

案例一　光面戒指的制作

1. 结构形状（图 5-5）

效果图

正视图

俯视图

侧视图

图 5-5　光面戒指三视图

2. 相关尺寸

戒指手寸 13.5 号（内径约 17.60mm），戒面宽度为 4.30mm，厚度为 2.00mm，如图 5-6 所示。

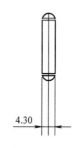

图 5-6　戒指的尺寸

3. 光面戒指制作步骤

step 01　取截面为 4mm×4mm 的银方条置于焊板上，用焊枪加热进行退火，使用焊夹悬空加热效率更好，如图 5-7 所示。

图 5-7　银方条的退火处理

step 02　将银料置于方铁上方自然冷却，将冷却后的银方条放入压片机的圆形槽压制加工成半圆条，如图 5-8 所示。

图 5-8　银方条半圆加工

step 03　将压制加工出来的半圆银条用焊枪加热进行退火，之后在戒指铁上将半圆银条圈圆，如图 5-9 所示。

图 5-9　半圆银条圈圆处理

step 04 测量弯曲好的银条，在制作的手寸号垂直线上锯切，用锉刀锉修平整再对齐戒圈的锯切口，如图 5-10 所示。

图 5-10　按手寸锯切

step 05 准备好焊接设备及材料，把锯切口用焊料填满。焊接前要在接口处蘸上适量的助焊剂（硼砂水或者焊粉）进行烧焊，连接之后用明矾煲水去掉粘在接口表面的硼砂，然后过水清洗，如图 5-11 所示。

图 5-11　烧焊及清洗

step 06 使用锉刀锉修戒指内圈的焊接部位，套入戒指铁内，使用铁锤通过振动方式整圆戒指内圈，如图 5-12 所示。

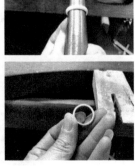

图 5-12　内圈整圆

step 07 使用粗锉刀锉修焊接位及戒圈的表面，再使用细锉刀修饰戒指表面，如图5-13 所示。

step 08 利用粗砂纸棒、粗砂纸板、细砂纸棒、细砂纸板进行打磨，完成制作，如图5-14 所示。

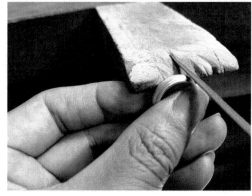

图 5-13　表面修饰

图 5-14　打磨与制作成品

4. 操作要点

1）戒指圈圆或整形前，必须进行退火处理。

2）焊接戒指圈时，焊口要平整、紧密，焊料用量要充足，不能少焊。

3）锉修戒指圈时，先整圆内圈，锉修好内圈、两侧边后再锉修表面。

5. 质量要求

弧面平滑，不留锉痕，宽窄薄厚均匀及左右对称，弧面占整个戒指厚度的 4/5。

1. 结构形状（图 5-15）

图 5-15　逼镶吊坠

2. 相关尺寸

吊坠高度约 14.8mm，宽度约 9.4mm，侧面厚度约 5.0mm，如图 5-16 所示。

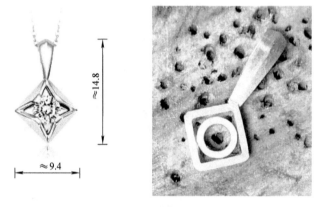

图 5-16　吊坠的尺寸

3. 逼镶吊坠制作步骤

step 01　取 40mm×5mm×0.9mm 的银片，在银片上绘制 4 个梯形，如图 5-17 所示。

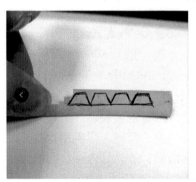

图 5-17　材料准备与画线

step 02　使用锯弓按画线把梯形锯切下来，如图 5-18 所示。

贵金属首饰起版技艺

图 5-18　锯切

step 03 使用锉刀把梯形各边进行修整，如图 5-19 所示。

图 5-19　锉修

step 04 使用锯弓锯切梯形间的相交线，再使用方形锉刀锉修出 90° 的 V 形槽。

step 05 置于焊板上，用焊枪加热进行退火，使用焊夹悬空加热效率更好。

step 06 待冷却后使用尖嘴钳把各个梯形对折倾斜围起来，如图 5-20 所示。

图 5-20　梯形对折围起来

step 07 焊接梯形间的连接点，煲明矾并过清水清洗，锉修焊接点及用砂纸打磨表面，如图 5-21 所示。

图 5-21 锉修、打磨焊接点

step 08 制作圆形石托（石碗）：

① 裁取宽 2.5mm，长 6mm，厚 0.75mm 的银片进行退火，待自然冷却，如图 5-22 所示。

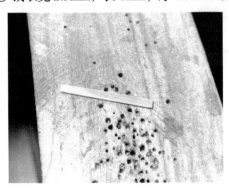

图 5-22　银片退火及冷却

② 取直径为 2.5mm 的线芯，使用平嘴钳固定银片的一头，用大拇指将银片弯曲变形，如图 5-23 所示。

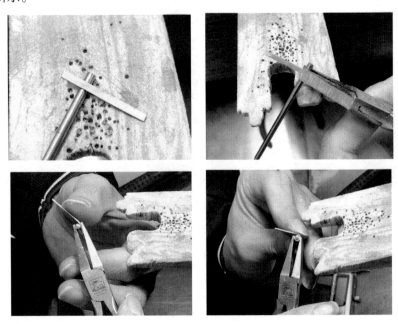

图 5-23　银片弯曲

③ 使用锯弓将圈紧成圆形后多余的银片锯切掉，如图 5-24 所示。

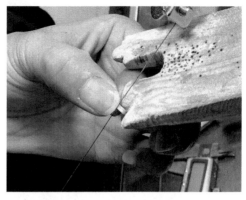

图 5-24　锯切多余银片

④ 使用钳子将圈好的石托（石碗）整圆、锯缝紧密接合，如图 5-25 所示。

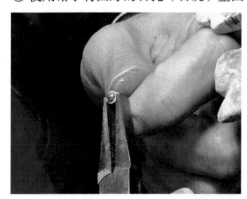

图 5-25　钳实缝隙

⑤ 使用高温焊料焊接好石托（石碗）的锯缝，煲明矾及清洗，如图 5-26 所示。

图 5-26　焊接锯缝及清洗

⑥ 使用粗锉刀和细锉刀锉修石托（石碗）的焊接位以及表面，如图 5-27 所示。

图 5-27 锉修焊接位及表面

⑦ 用砂纸尖打磨修饰石托（石碗）内圈和外圈，完成石托（石碗）的制作，如图 5-28 所示。

图 5-28 打磨内外圈

step 09 制作瓜子扣：基本制作尺寸是，高度为 3.0 ~ 3.5mm，宽度为 3.0mm，长度为 6.0mm，片厚度为 1mm，链孔高度为 2.5mm。

① 备料：压制长度为 18mm，宽度为 4.0mm，厚度为 1.2mm 的片料。

② 画十字位，确定最大宽度和总长度，画平面展开图形（近似于马眼形），如图 5-29 所示。

图 5-29 尺寸定位及画平面展开图形

③ 把画好的放样图锯削出来，用圆嘴钳将放样片料的侧面围成水滴形，如图 5-30 所示。

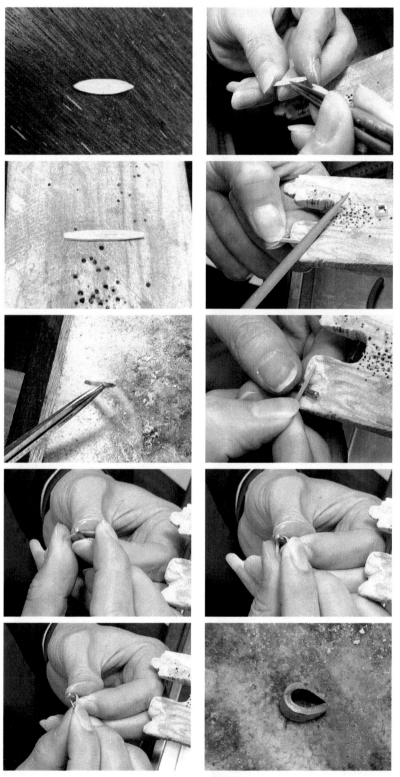

图 5-30　将放样片料围成水滴形

④ 锉修瓜子扣的两个侧面，使正面为长三角形。

⑤ 使用 320# 和 800# 的砂纸及相应小工具对瓜子扣的内外圈及两侧进行打磨。

⑥ 把瓜子扣的开口焊接起来，使用锉刀锉修出脊椎面，如图 5-31 所示。

操作要求：瓜子扣成型操作时，要先进行退火处理，然后用圆嘴钳夹住十字位的中心，再用尖嘴钳把两头并在一起，同时使穿链孔呈水滴形。瓜子扣的片料厚度要均匀，穿链孔为水滴形，外侧平滑顺畅，正面长宽比例合适（一般为 2∶1）。

图 5-31　焊接及锉修脊椎面

step 10 把梯形锥、圆形石托（石碗）以及瓜子扣进行组合焊接，煲明矾、过清水清洗，如图 5-32 所示。

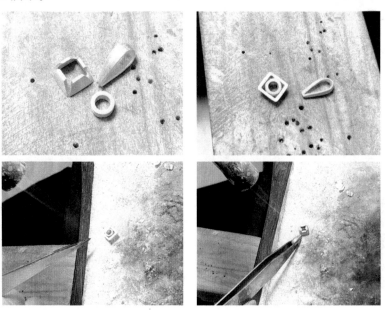

图 5-32　组合焊接及清洗

step 11 锉修焊接点，用 400# 和 800# 砂纸打磨整个吊坠表面，完成逼镶吊坠制作，如图 5-33 所示。

 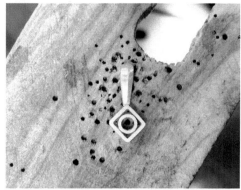

图 5-33　锉修、打磨及完成吊坠制作

案例三　爪镶女戒的制作

爪镶女戒是指主石的镶嵌技法为爪镶的女式戒指。不同的戒指臂形状与不同的爪镶镶口可组成不同款式的爪镶女戒，如直臂圆形爪镶女戒、直臂方形爪镶女戒、扭臂椭圆形爪镶女戒等。

1. 结构形状（图 5-34）

效果图

俯视图

图 5-34　爪镶女戒

2. 相关尺寸

镶口石托（石碗）直径为 5.0mm，石托（石碗）高度为 3.0mm，圆爪直径为 1.0mm，戒指圈手寸为 15 号，戒肩高 1.8mm 左右，戒肩宽度为 1.2～1.5mm，戒脚厚度为 1.0mm，戒脚宽度为 2.2mm。

3. 圆形爪镶女戒制作步骤

step 01 直臂戒指圈的制作：

尺寸要求：手寸 15 号，戒肩高 1.8mm 左右，戒肩宽度为 1.2～1.5mm，戒脚厚度为 1.0mm，戒脚宽度为 2.2mm。

① 制备长度为 50mm，宽度为 2.5mm，厚度为 2.1mm 的 925 银条料，如图 5-35 所示。

图 5-35　银料的制备

② 用铁锤的平头锤打银条的两头及中间部位，如图 5-36 所示。

图 5-36　锤打两头及中间部位

③ 用铁锤的尖头锤打银条的中间部位使其变薄延长，如图 5-37 所示。

图 5-37　锤打中间部位使其延长

④ 将两端稍厚的一面向里，在戒指铁上圈圆，并在两端锉平接合缝，如图 5-38 所示。

图 5-38　圈圆及锉平接合缝

⑤ 使用粗锉刀和细锉刀锉修戒指圈内圈及外圈，如图 5-39 所示。

图 5-39　锉修内外圈

⑥ 用 320# 和 800# 砂纸对戒圈的内外圈及两侧进行打磨，如图 5-40 所示。

图 5-40　打磨内外圈及两侧

step 02 4 爪镶圆形镶口制作：

尺寸要求：0.50ct 圆形钻石的镶口，镶口石托（石碗）直径为 5.0mm，镶口石托（石碗）高度为 3.0mm，片厚度在 0.6mm 以上，圆爪直径为 1.0mm，高度为 6mm。

① 制备长度为 25mm，厚度为 1.05mm 的 925 银片料；长度为 60mm，直径为 1.0mm 的圆形 925 银线料，如图 5-41 所示。

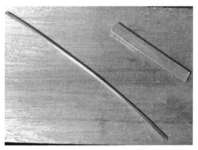

图 5-41　片料和线料的制备

② 先将长方形片放到焊瓦上，再用大火对其进行退火热处理，使长方形片变软，易于圈形。

③ 取直径为 3.0mm 线芯，使用平嘴钳将银片弯曲变形成管状，如图 5-42 所示。

图 5-42　将银片弯曲成管状

④ 使用锯弓将圈成圆管后多余的银片锯切掉，并锉修接合缝，如图 5-43 所示。

图 5-43　锯切多余银片及锉修接合缝

⑤ 使用焊枪对接合缝进行焊接操作，完全焊接后，煲明矾、过清水清洗干净。

⑥ 把焊接好的圆管放在圆嘴钳上整圆形状，用锉刀锉修焊接位及上下圈口。

⑦ 用油性笔或钢针画十字位，在四个交叉点用直牙针在圆管外侧车爪位，车削深度为片厚的 1/3，如图 5-44 所示。

图 5-44　在圆管外侧车爪位

⑧ 剪取两条长度约为 15mm 的 925 银线，用圆嘴钳将银线对称弯曲绕成"U"字形，将"U"字形银线掐到石托（石碗）的对角焊爪位上，如图 5-45 所示。

图 5-45　银线弯曲并掐到爪位上

⑨ 把弯曲绕好的两个 U 形银线焊接到车好的 4 个爪位上，焊接时焊料用量要控制合适，之后煲明矾、过清水清洗干净，如图 5-46 所示。

图 5-46　焊接 U 形银线

⑩ 表面修饰：用做好的 320# 和 800# 砂纸尖和砂纸板打磨镶口的内外侧面及镶口底部，完成爪镶镶口的制作，如图 5-47 所示。

图 5-47　打磨镶口

step 03　组合焊接：将戒指臂和爪镶镶口按首饰图结构摆好位置关系，然后翻石膏焊接，再煲明矾、过清水清洗干净。

step 04　把焊接处进行锉修，按制作的尺寸要求修整形状。

step 05 用 400# 和 800# 砂纸对整个爪镶戒指表面进行打磨修整，完成女戒制作，如图 5-48 所示。

图 5-48　完成女戒制作

4. 操作要点

车爪位时，吊机转动速度不可过快；焊接爪时焊料要适量；组合焊接前用牙针在戒指臂与镶口连接位开凹槽位，避免焊接产生错位。

5. 质量要求

镶口圆正，表面平整，厚度均匀，爪位对称，四爪大小、高低一致；指圈厚度均匀、顺滑；戒指臂对称焊接在镶口两侧，并且焊接完全牢固。

第六章
计算机绘图起版

计算机绘图起版包括计算机辅助设计和计算机快速成型。我们需要通过在 CAD 三维软件中进行模型建模，得到三维数据，然后将三维数据输入到 CAM 快速成型机中进行快速成型，得到树脂或者蜡模型，这些树脂或者蜡模型就可以通过失蜡浇铸的过程实现金版或银版的转变了，再进行执模镶石抛光等工序得到最终的成品。计算机绘图起版的工艺流程如下：

设计图样 → CAD建模 → CAM快速成型 → 失蜡浇铸 → 成品

第一节　计算机辅助设计软件概述

CAD 是 Computer Aided Design 的缩写，表示计算机辅助设计。目前，市场上最常用的首饰计算机辅助设计软件有 JewelCAD、3Design、Matrix 3D。

一、JewelCAD 简介

JewelCAD 是一套专为珠宝行业产品设计所开发的概念设计模型构建工具。JewelCAD 用 Cure 模型构建技术完整地引入 Windows 操作系统中，界面简捷，工具简单，是一个易学易用，交互性强，建模方便的软件。它拥有丰富的资料库。

香港珠宝电脑科技有限公司于 1990 年开发的 JewelCAD 是用于珠宝首饰设计 / 制造的专业化 CAD/CAM 软件。经过多年的发展与完善，JewelCAD 以其高度专业化、高工作效率、简单易学的特点，在欧美及亚洲所有主要珠宝首饰生产中心广泛采用，是业界认可首选的 CAD/CAM 软件系统。

1. JewelCAD 的特点

1）操作方便，简单易学，初学者也能较快掌握。

2）数据库不仅可以便于被调用，加快设计速度，而且还可以不断加以丰富。

3）可输出 STL、SIC 格式文件与快速成型出模机联机使用。在 JewelCAD 中绘制的 3D 图通过快速成型出模机直接出模。

4）在设计过程中能方便地计算金重，统计圆形宝石的数目及其直径。

2. JewelCAD 软件需要的系统配置

1）操作系统：推荐使用 Windows 7，64 位或以上。

2）CPU：Intel 5 或以上。

3）内存：4GB 或者以上。

4）显示卡：最少支持 800×600 像素分辨率，256 色，显存 2G 或以上。

5）硬盘：至少 1TB 空间。

二、3Design 简介

3Design 是法国 Vision numeric 公司开发的一款珠宝专业设计软件，拥有友好的用户界面，可满足不同用户的设计习惯。3Design 提供了一种独特的参数结构树，记录了设计中的每一个步骤和参数，设计师在任何时候需要修改数据时不需要返回草图重新开始设计，而只需要直接修改草图形状或修改 3D 造型参数，系统会自动全面进行更新，大大提高了工作效率。3Design 可以将二维的三视图草图自动转变为立体三视图。3Design 拥有强大的珠宝工作平台，它提供了自动和手动两种排列宝石方式，具有戒指造型设计快捷功能，提供逼真多样的渲染效果和动画设计功能，可生产交互式动画。3Design 也提供了丰富的资源库，包括各类戒指、宝石、戒托、珍珠、水晶及形态各异的 2D 截面形状等，并且整合了 SWAROVSKI 所有的时尚水晶部件。

3Design 软件需要的系统配置：

1）操作系统：Windows7。

2）计算机处理器要求：Intel core i7 处理器。

3）内存：16GB 或者以上。

4）显示卡：NVIDIA Geforce940m。

5）硬盘：2TB 或者以上硬盘。

三、Matrix 3D 简介

美国 GEMVISION 开发的 Matrix 3D 珠宝设计软件是在犀牛软件的基础上针对首饰设计而开发的软件，可以配合犀牛软件使用，拥有模块化接口，操作简单，自动化程度高；拥有 F6 快捷键，自动列出部件上可使用的功能，免去寻找功能键的烦琐；多重建模历史功能及控制点操纵曲线绘图功能，能直接实时看到图形的改变；横梁式目录编号系统，让使用者更容易找到最完美的造型位置，便于对比、使用或修改；新增多种自动铺排宝石功能，让用户省去烦琐重复的工序。软件内含庞大的配件库。优化的逼真渲染引擎工具 V-Ray，只需很短的时间，就能制作出超真实的效果图或影片，让用户在成品制作前就能看到仿真度极高的立体图，节省了时间及成本，增加了企业现金流。

第二节　计算机绘图起版案例分析

下面将通过学习 JewelCAD 中的女戒建模、男戒建模、吊坠建模、耳环建模等典型实例进行更深入的学习。

在开始绘图之前，要先了解绘图的基本思路及步骤：

（1）测量首饰的尺寸　对有实物或者是 1:1 的设计图样，进行测量并记录首饰的尺寸。对于不是 1:1 的首饰图片，要先确定首饰的整体大小。注意，绘制首饰图样时一定要按 1:1 的比例绘制，如果一开始没有按 1:1 的尺寸绘制，到后面再调整大小，则会影响金属的厚薄和镶石。

（2）绘制二维曲线　根据图样或实版（即实物），可以先把雏形描绘出来，得到二维曲线。这一步可借助背景图片完成。注意，根据后续曲面建模的需求绘制曲线，即分开的曲面其曲线也要分开绘制。对称特征的物体应运用相对应的对称曲线进行描绘。注意，导轨曲线的点数一致、方向一致，控制点不宜过多。这样描绘好的外形曲线可直接用作导轨曲线。绘制戒指的时候，一般会做出尺寸参考圆来辅助绘制导轨线，这些圆用来限定戒指的指圈大小，以及戒指底部、左右和上部的厚度。

（3）三维建模　运用曲面功能进行建模，绘制首饰的 3D 整体外形。注意细节的处理。

（4）外形确定后的细节处理

1）掏底：为了控制金重，节约成本，需要将不影响外观的、多余的金属掏空。通常光金厚度只需要 0.8mm，对于镶石的光金厚度至少保留 1.2mm。

2）开夹层：对于比较高的、宽的光金位置，应达到美观、轻金重的效果。

3）铲边、排石、种钉：根据设计需要进行铲边、排石、种钉。

案例一　爪镶女戒

爪镶：常见的爪镶款式如图 6-1 所示。

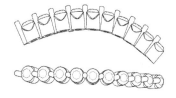
单爪，一爪管双石，这些爪需较粗

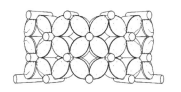
一爪管双石、管四石，这些爪需较粗

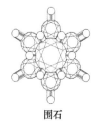
围石

四爪管一石

图 6-1　常见的爪镶款式

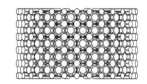

错位圆爪

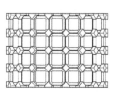

方爪

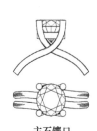

主石镶口

主石镶口

图 6-1　常见的爪镶款式（续）

除圆爪外，其他的还有指甲爪、包爪等，如图 6-2 所示。

绘制一个四爪镶的钻戒，如图 6-3 所示。

图 6-2　其他爪形

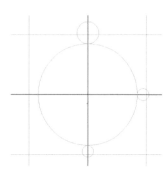

图 6-3　四爪镶的钻戒

绘制思路：绘制二维曲线、绘制镶口、绘制内圈和绘制戒圈外圈。

1. 戒指导轨线的绘制

step 01　选择正视图，先绘制一个直径为 17mm 的圆作为戒指内圈的辅助圆，再绘制直径分别为 1.9mm、2.0mm、3.7mm 的三个圆置于大圆底部、右边、顶部作为戒底厚度的辅助圆、戒臂宽度的辅助圆和戒臂高度的辅助圆，如图 6-4 所示。隐藏辅助圆的控制点。

step 02　绘制内圆环导轨线：绘出一个直径为 17mm、12 个控制点数的圆，使用菜单"曲线"——"偏移曲线"，在对话框中设置向外偏移半径为 0.9mm，如图 6-5 所示。

图 6-4　绘制辅助圆

step 03 绘制戒指外圈导轨线：用左右对称曲线功能 沿着直径为 17mm 内圆绘制出第一条开口的导轨线。参考 3.7mm 的高度圆，2.0mm 的宽度圆用左右对称曲线功能 绘制第二条开口的导轨线。CV 点的点数量与点顺序要保持一致，注意点点对应，如图 6-6 所示。

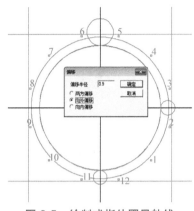

图 6-5　绘制戒指外圈导轨线

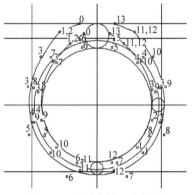

图 6-6　绘制内圆环导轨线

2. 绘制镶口

将目前不需要用的曲线通过菜单中的"编辑"→"隐藏"选项隐藏起来，整洁的工作界面既方便绘图，又有助于提高工作效率。

step 01 绘制钻石。选择菜单中的"杂项"→"宝石"选项，选择圆形钻石，在弹出的尺寸对话框中设置钻石直径为 6.5mm，如图 6-7 所示。默认新创建的宝石侧面位于正视图的中心，如图 6-8 所示。

75

图 6-7　设置钻石直径

图 6-8　钻石外形

step 02 制作镶口底托：选择俯视图，绘制直径小于钻石直径的圆（直径为 5.0mm），再将得到的圆进行"曲线"→"偏移曲线"操作设置，向内偏移半径为 0.8mm，得到两条导轨线，再在正中间绘制一个 0.8mm×1.3mm 的近椭圆切面，如图 6-9 所示。选择导轨曲面功能 ，设置"导轨曲面"对话框，如图 6-10 所示。

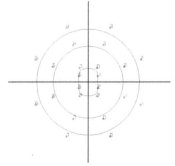

图 6-9　绘制近椭圆切面

图 6-10　"导轨曲面"对话框

第六章　计算机绘图起版

依次选择内圈导轨曲线、外圈导轨曲线、切面，得到环形底托曲面，效果如图 6-11 所示。将底托移动到钻石下部合适位置，如图 6-12 所示。

图 6-11　环形底托效果图

图 6-12　底托与钻石的相对位置

step 03 　绘制爪。选择正视图，将底托与钻石一起移至戒臂合适位置，如图 6-13 所示。绘制一个直径为 0.2mm 的辅助圆移至钻石腰部边缘齐平，作为爪与宝石的重叠位。注意，爪要跟宝石腰部有 0.1~0.2mm 的重叠位置，这样做是为了更好地固定宝石。绘制直径为 2mm 的辅助圆作为爪的大小，用任意曲线绘制爪的外形，如图 6-14 所示。

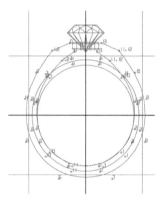

图 6-13　将底托、钻石与戒臂复位

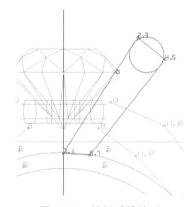

图 6-14　绘制爪的外形

通过菜单"编辑"→"隐藏"选项，隐藏戒臂导轨曲线。选择右视图，分别绘制直径为 1.3mm 和 1.0mm 的两个辅助圆，分别置于爪的上下位置，用任意曲线工具绘制一条线段与这两个圆相切，如图 6-15 所示。选取爪轮廓线然后选择投影功能 ↓↓↓，设置对话框如图 6-16 所示，确定再选择 0-1 线段，得到效果如图 6-17 所示。

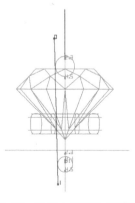

图 6-15　绘制上下爪位置辅助圆

图 6-16　"曲面 / 线 投影"对话框

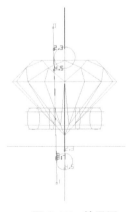

图 6-17　效果图

选择镜像功能 ，得到两个爪的轮廓线，如图 6-18 所示。选择线面连接曲面功能，依次点选两条轮廓线，得到长方爪的效果图，如图 6-19 所示。注意：爪的粗细根据宝石的大小而定，直径一般在 0.7 ～ 1.2mm。

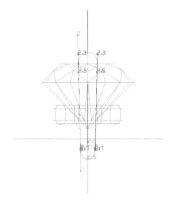

图 6-18　复制得到爪轮廓线

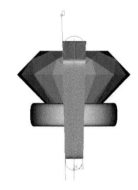

图 6-19　长方爪的效果图

选择长方爪，在俯视图选择环形阵列功能，复制四个爪，如图 6-20 所示。复制好的四个爪应处于正轴线位置，选择菜单中的"变形"→"多重变形"选项，在打开的"多重变形"对话框中，双击旋转按钮，并设置进出轴旋转方向 45°，可得到如图 6-21 所示的效果。将镶口移至合适位置，如图 6-22 所示。

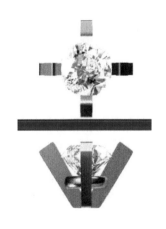

图 6-20　复制四个爪

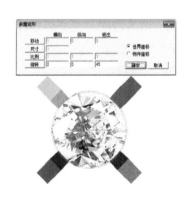

图 6-21　多重变形长方爪

图 6-22　移动镶口位置

3. 绘制戒臂

step 01　隐藏镶口，显示戒臂外圈导轨曲线。选择右视图，根据戒臂侧面宽度变化分别绘制直径为 4.5mm 和 2.8mm 的两个辅助圆，分别置于导轨线的上下位置，用任意曲线功能绘制一条线段与这两个圆相切作为投影线，如图 6-23 所示。回到正视图，选择菜单中的选择→选点选项，选择外轮廓线上相应的 CV 点（1~12 点），转到右视图，使用变形中的投影功能，将选取的点投影到曲线上，如图 6-24 所示。

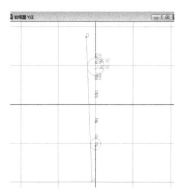

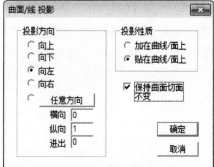

图 6-23　绘制戒臂侧面宽度辅助圆

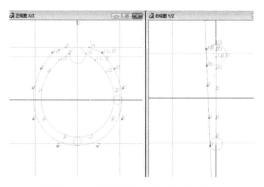

图 6-24　将选取的点投影到曲线上

　　然后使用选点工具取消所有点的选择，再选取该曲线进行左右复制并加上内轮廓线，总共有三条导轨线，然后绘制两个切面曲线。注意：切面之间的 CV 点数、CV 点的顺序及曲线是否闭合都要求一致，如图 6-25 所示。

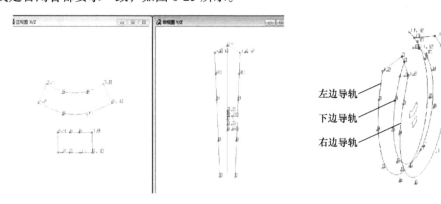

左边导轨

下边导轨

右边导轨

图 6-25　绘制导轨线

step 02 导轨曲面："导轨曲面"对话框设置如图 6-26 所示，按住 Tab 键不放并按下鼠标左键转动视图至三条导轨线可视角度，依次点选左边导轨、右边导轨、下边导轨，选完导轨曲线后选第二切面 B 作为"0"点切面，然后按顺序选择左边导轨线上的节点"1"，选 A 作为切面，同样操作为"4"和"9"点位置选择 B 作为切面，"12"点位置选 A 作为切面，"13"点位置选 B 作为切面，如图 6-27 所示。得到的曲面效果如图 6-28 所示。

图 6-26 "导轨曲面"对话框

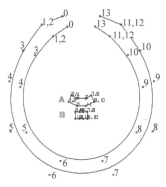

图 6-27 选择切面

图 6-28 曲面效果

step 03 绘制戒指内圈曲面。通过菜单中的编辑→交替隐藏选项，展示镶口及戒指内圈导轨线，如图 6-29 所示。绘制一个 2.8mm 的辅助圆，根据辅助圆绘制一个宽为 2.8mm 的矩形切面，还是使用导轨曲面功能进行建模，设置"导轨曲面"对话框如图 6-30 所示，依次选择内圈导轨线、外圈导轨、切面，得到内戒圈，效果如图 6-31 所示。

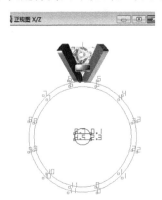

图 6-29 展示镶口及内圈导轨线

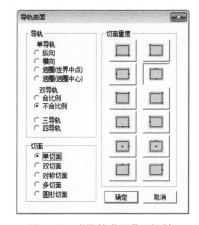

图 6-30 "导轨曲面"对话框

图 6-31 得到内戒圈

step 04 选择菜单中的编辑→不隐藏选项，展示戒指外圈曲面，如图 6-32 所示。选取曲线，选择菜单中的编辑→隐藏选项，隐藏所有的曲线。戒指外圈效果如图 6-33 所示。

图 6-32　戒指外圈曲面　　　　　　　　　　图 6-33　戒指外圈效果

step 05 最后在镶口底加垫圈。选择俯视图，分别绘制直径为 3.5mm 和 0.8mm 的两个辅助圆，使用上下对称线绘制切面，其效果如图 6-34 所示。选择切面，使用纵向环形对称曲面，得到曲面如图 6-35 所示。

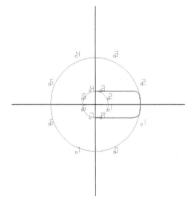

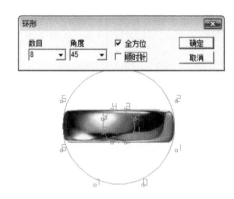

图 6-34　绘制垫圈　　　　　　　　　　图 6-35　垫圈曲面效果

将垫圈移至镶口底部，如图 6-36 所示。

图 6-36　将垫圈移至镶口底部

注意事项：

1）根据图样确定尺寸。

2）根据图样、石料，处理不同的石距离与爪粗，彩色宝石一般比圆形钻石厚。因此，在摆放彩色宝石时，注意适当预留镶石高度，且彩色宝石的厚度一般不是特别标准，在绘图的过程中需要根据石头实际厚度来确定镶口的高度。

3）在镶嵌时，一般宝石与宝石之间的距离为 0.1 ~ 0.2mm。

4）爪的大小除了与石头大小有关之外，也与这个爪用来固定宝石的多少有关，在宝石大小相同的前提下，共用爪（一爪管二石或一爪管四石）应比非共用爪略粗。

5）宝石的镶口托筒最小高度是指当不用计算漏底（宝石底尖露出来）等情况的前提下需要的最小高度为 0.8mm。一般宝石底尖的位置至少要高出手寸圈 0.5mm。

4. 存光影图

在建模完成后，为了方便与客户沟通或者进行效果宣传，需要进行存光影图。存光影图命令将渲染当前视图，同时将渲染结果保存到一个图片文件中。按住键盘上的 Tab 键不放，再按住鼠标左键旋转视图，旋转到最佳效果位置即可，选择菜单中的杂项→存光影图选项，在打开的"存光影图"对话框中（图 6-37），设置颜色为白色，将解析度设置成800×600，设置好档案名称及保存路径，然后单击"确定"按钮，得到如图 6-38 所示效果。存光影图时有两种文件格式可以选择，分别为 .jpg 和 .bmp 格式。

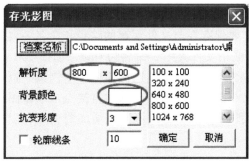

图 6-37 "存光影图"对话框

图 6-38 存光影图效果

现在这个钻戒是黄金材质，还可以对材质进行编辑。先选取需要更换材质的物体，选择菜单中的编辑→材料选项，打开材料库（图 6-39），选择相应的材质，得到效果如图6-40 所示。

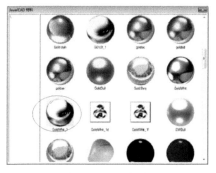

图 6-39 材料库

图 6-40 更换材质后的效果

在 JewelCAD 中，除了可以渲染彩色效果图，还可以生成结构线图。存光影图时，在对话框中勾选轮廓线图（图 6-41），那么渲染出来的就是线图，如图 6-42 所示。勾选轮廓曲线时，曲线的浓淡程度跟设置的轮廓曲线数目有关。轮廓曲线数目越多，曲线颜色越深。

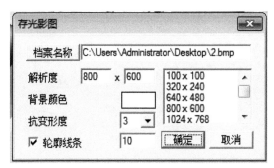

图 6-41　生成结构线图的设置　　　　　　图 6-42　渲染后的结构线图

对于解析度的设置，做效果图或印刷用时可以选择 800×600，但是在存放到资料库时应选择 100×100，否则图像失真。

对于做好的戒指，可以将戒指添加到资料库中，以便下次调用。添加资料库的操作步骤如下：

1）在 JewelCAD 安装目录下的 Database 文件夹下，新建一个名称为"戒指"的文件夹，将画好的戒指文件保存到该文件夹中，命名为 ring。

2）将光影图保存到资料库中，注意一定要保存在与文件保存的路径和命名一致，即保存到 JewelCAD 安装目录下的 Database 的戒指文件夹中，命名为 ring，选择 100×100 的解析度，背景颜色选择白色即可，如图 6-43 所示。然后，选择菜单中的档案→资料库选项，在资料库中会找到这个戒指的光影图，如图 6-44 所示。这时直接点击戒指图标即可将该文件添加到当前文件中。在平时的绘图过程中，可以不断地增加资料库，以提高工作效率。

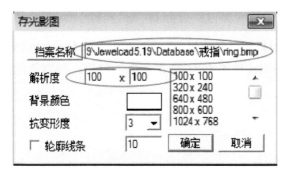

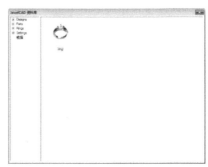

图 6-43　"存光影图"对话框　　　　　　　图 6-44　资料库中的戒指光影图

5. 测量

JewelCAD 还提供了强大的测量功能，有三个测量子菜单，即重量、体积和重心。以重量为例，利用这一功能可以直接得到物体的重量。不同材质的密度不一样，所以在测量重量之前要对物体的密度进行设置，以便能够得到更为精确的结果，也可以输入确定的密度值。注意：在测量重量之前需要先将所有的宝石隐藏，再选择菜单中的测量→重量选项。在重量对话框中设置密度为 18K 金密度，然后按下"确定"按钮后就可以得到该戒指 18K 金材质的重量，如图 6-45 所示。估算重量可以有助于控制成本。

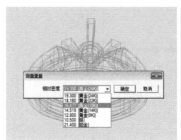

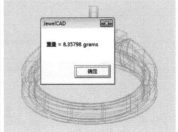

图 6-45　重量测量

爪镶男戒如图 6-46 所示。

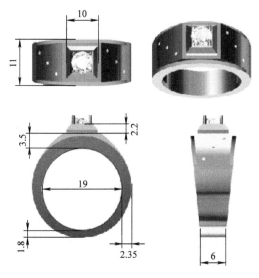

图 6-46　爪镶男戒

1. 绘制戒臂

step 01　选择正视图，先绘制一个直径为 19mm 的圆作为戒臂内圈的辅助圆，再绘制直径分别为 1.8mm、2.35mm、3.5mm 的三个圆置于大圆底部、右边、顶部作为戒底厚度的辅助圆、戒臂宽度的辅助圆、戒臂高度的辅助圆。根据三个辅助圆，用左右对称线工具绘制出戒臂外圈轮廓曲线，如图 6-47 所示。根据外轮廓线的点数及位置，用左右对称线工具绘制出戒臂内圈轮廓曲线，尽量使同点数的 CV 点处于曲线法线位置，如图 6-48 所示。

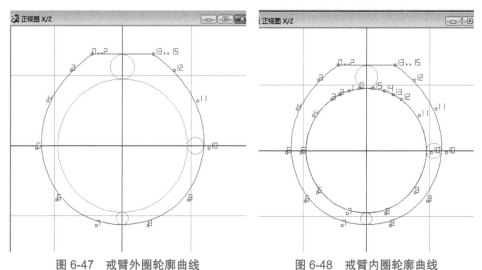

图 6-47　戒臂外圈轮廓曲线　　　　　图 6-48　戒臂内圈轮廓曲线

step 02　选择右视图，根据戒臂侧面宽度变化分别绘制直径为 11mm 和 6mm 的两个辅助圆，分别置于导轨线的上下位置，用任意曲线功能绘制一条线段与这两个圆相切作为投影线，如图 6-49 所示。回到右视图，选择内、外轮廓线，使用变形中的投影功能 ⊞

（图 6-50），将两条曲线投影到投影线上，再使用左右复制功能 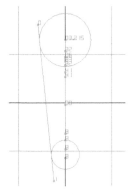，得到四条曲线，如图 6-51 所示。

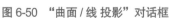

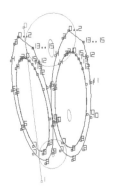

图 6-49　绘制辅助圆及切线　　　　图 6-50　"曲面／线 投影"对话框　　　图 6-51　通过复制得到四条曲线

step 03 使用线面连接曲面工具 ，依次选择四条轮廓线，为了得到棱角边，注意每条曲线点选三次（可以顺时针选择，也可以逆时针选择），如图 6-52 所示；选完第 4 条曲线后，选择菜单中的曲面→封口曲面选项，得到曲面效果如图 6-53 所示。

图 6-52　选择四条轮廓线

图 6-53　曲面效果

2. 绘制台阶

step 01 选择戒指内圈曲线进行偏移曲线，设置向外偏移 2.35mm，得到的曲线向上移动至曲线底边与戒臂底边平齐，如图 6-54 所示。用左右对称线沿着参考线绘制台阶轮廓线，如图 6-55 所示。

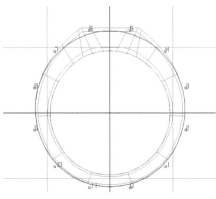

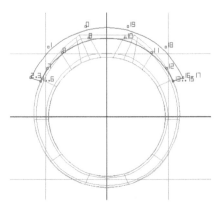

图 6-54　偏移曲线

图 6-55　绘制台阶轮廓线

step 02 转至右视图，选择台阶轮廓线，使用变形中的投影功能 ，设置投影对话框，单击"确定"按钮后再单击投影线，如图 6-56 所示。绘制一个直径为 0.7mm 的辅助圆，移至台阶轮廓线，用作台阶宽度参考。选择台阶轮廓线，用移动工具移至戒臂外，使用直线延伸曲面 ，定义延伸距离为自轮廓线至参考圆。使用左右复制功能，效果如图 6-57 所示。

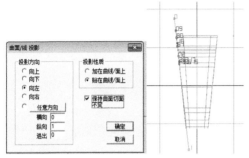

图 6-56　投影设置

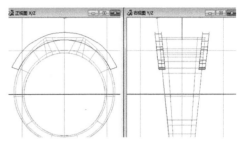

图 6-57　直线延伸曲面及左右复制

step 03 为了方便分辨，选择两边台阶物体，选择菜单中的编辑→材料选项，更改材质，然后使用布林体→相减选项，再选择戒指，相减后的效果如图 6-58 所示。

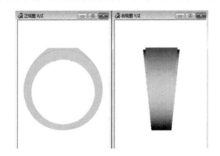

图 6-58　更改材质及布林体相减后的效果

3. 绘制主石镶口

step 01 选择俯视图，绘制钻石，选择菜单中的杂项→宝石选项，选择圆形钻石，在弹出的尺寸对话框中设置钻石的直径为 5.16mm。绘制一个直径为 7.5mm 的辅助圆，用上下左右对称线绘制一个正方形，如图 6-59 所示。

转至正视图，根据钻石侧面绘制切面，如图 6-60 所示。选择菜单中的变形→反转→反上选项，如图 6-61 所示。

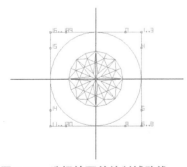

图 6-59　选择钻石并绘制辅助线

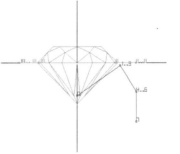

图 6-60　绘制钻石侧面的切面

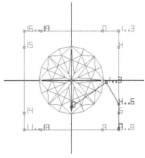

图6-61　变形、反转与反上操作

step 02 选择导轨曲面，设置"导轨曲面"对话框，如图 6-62 所示。依次选择正方形导轨、切面，得到主石镶口，如图 6-63 所示。

图 6-62 设置"导轨曲面"对话框

图 6-63 绘制主石镶口

4. 绘制爪

step 01 选择正视图，将钻石移动至镶口上方合适位置，绘制一个直径为 0.8mm 的辅助圆，作为爪的粗度参考。参考辅助圆绘制爪的轮廓线，如图 6-64 所示。使用纵向环形对称曲面功能 ，得到爪效果图如图 6-65 所示。

86

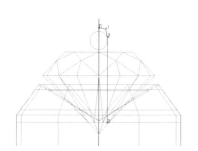

图 6-64 绘制爪轮廓线

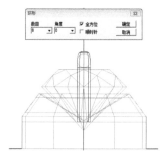

图 6-65 爪效果图

step 02 将爪移动至 45° 斜角位，再使用上下左右复制功能，复制 4 个爪，如图 6-66 所示。将镶口移至戒臂上方合适位置，如图 6-67 所示。

图 6-66 复制爪

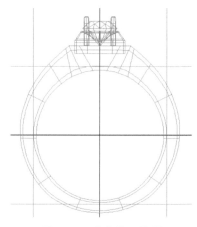

图 6-67 确定镶口位置

贵金属首饰起版技艺

step 03 绘制一个打孔物体，再转至俯视图，绘制一个直径为 2mm 的圆，使用直线延伸曲面功能 ，绘制一个圆柱，长度穿过戒臂和镶口，如图 6-68 所示。选择镶口和戒臂，选择菜单中的布林体→联集功能。选择打孔物体，选择菜单中的布林体→相减选项，点选戒臂联集体，效果如图 6-69 所示。

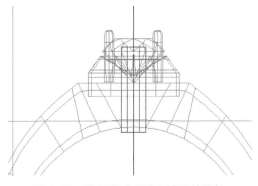

图 6-68　绘制穿过戒臂和镶口的圆柱　　　　　图 6-69　效果图

5. 镶嵌副石

step 01 选择正视图，绘制钻石，选择菜单中的杂项→宝石选项，选择圆形钻石，在弹出的尺寸对话框中设置钻石的直径为 1.3mm，如图 6-70 所示。绘制一个打孔物体，转至俯视图，绘制一个直径为 0.8mm 的圆，回到正视图，往上移动至钻石台面上方，使用直线延伸曲面工具，设置纵向向下延伸距离为 2mm，将宝石与打孔物体一起往下移至台面与横轴平齐。选择打孔物体，选择菜单中的编辑→超减物件，如图 6-71 所示。

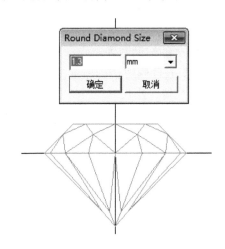

图 6-70　设置钻石直径

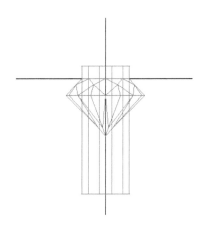

图 6-71　绘制打孔物体

step 02 选择俯视图，绘制一个直径为 4mm 的辅助圆，选择宝石、打孔物体、辅助线，使用剪贴工具 ，选择彩色图模式，在戒臂侧面排列宝石，斜方向排列 3 颗宝石，回到俯视图，选择旋转 180° 复制工具，效果如图 6-72 所示。右键取消物体选择，然后选择戒臂，选择菜单中的复制→隐藏复制选项，多复制一个戒臂用作掏底。

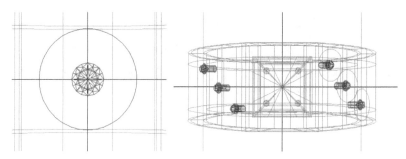

图 6-72　排列宝石

step 03 选择所有打孔物体，使用布林体→相减功能 ，再点选戒臂，相减后的效果如图 6-73 所示。

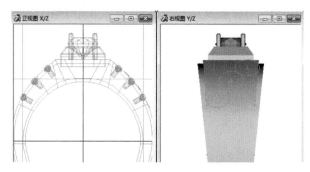

图 6-73　戒臂宝石排列效果

6. 掏底

掏底是在不影响戒指造型及制作的前提下去除多余的金属，用于减轻戒指的重量。单击鼠标右键，取消所有物体的选择。绘制一个直径为 1.2mm 的辅助圆，置于侧面镶石位置，用作镶石位厚度参考；然后绘制一个直径为 1.2mm 的辅助圆置于戒臂顶端作为厚度参考；再在右视图绘制一个直径为 1.2mm 的辅助圆置于戒臂侧边作为厚度参考，如图 6-74 所示。选择菜单中的编辑→不隐藏选项，展示隐藏的戒臂，用尺寸工具通过鼠标左键进行等比例缩放至正视图与辅助线相切，再转至右视图，用右键缩放至与辅助线相切，效果如图 6-75 所示。

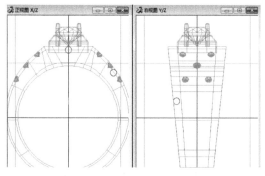

图 6-74　绘制辅助圆

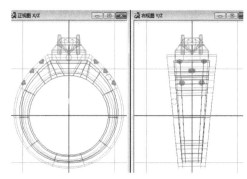

图 6-75　展示隐藏的戒臂

选择菜单中的编辑→展示 VC 点选项，再选择菜单中的选取→选点选项，分别框选掏底物体底下的两组点，用移动工具往上移动至合适位置，如图 6-76 所示。选择菜单中的选取→选点选项，再次框选选取状态的点，取消点的选择。选取掏底物体，使用布林体→相减功能 ∟ ，再点选戒臂，相减后的效果如图 6-77 所示。

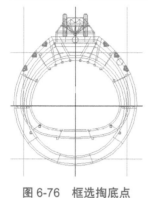

图 6-76　框选掏底点

图 6-77　掏底后的效果

制作完成的爪镶男戒如图 6-78 所示。

图 6-78　制作完成的爪镶男戒

案例三　虎口镶吊坠

常见的虎口镶款式如图 6-79、图 6-80 所示。图 6-79 所示为开 U 字位，分爪，爪管单石；图 6-80 所示为开 U 字位，分爪，爪位为双爪管一石。

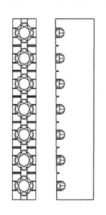

图 6-79　虎口镶款式（1）

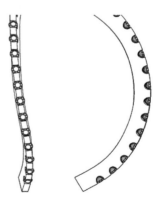

图 6-80　虎口镶款式（2）

第六章　计算机绘图起版

石头底下打通位，一般为圆形，如图 6-81 所示。也可用心形等形状。

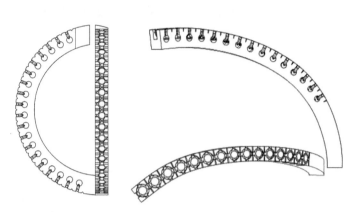

图 6-81　虎口镶款式（3）

U 字位可以改成城墙位，效果如图 6-82 所示。

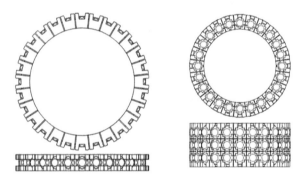

图 6-82　虎口镶款式（4）

虎口镶注意事项如下：

1）虎口镶的相关尺寸如图 6-83 所示。

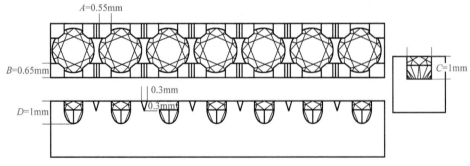

图 6-83　虎口镶的相关尺寸（1）

2）如图 6-84 所示，B 位因需执版，因而比 A 大 0.1mm，成品应是方的。C 位也可做成 U 形的。

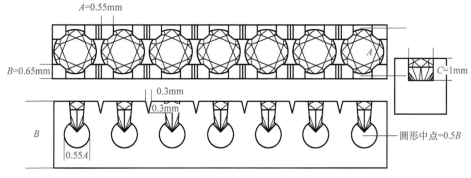

图 6-84　虎口镶的相关尺寸（2）

虎爪镶吊坠

虎爪镶吊坠如图 6-85 所示。

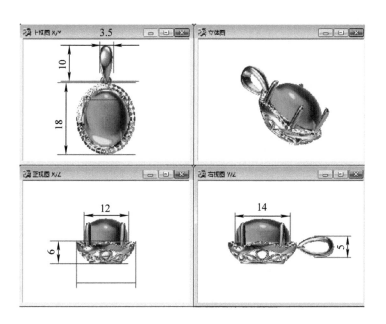

图 6-85　虎爪镶吊坠

1. 绘制翡翠镶口

step 01 选择俯视图，先绘制翡翠，绘制 1 个直径为 1mm 的圆，选择菜单中的变形→多重变形选项，设置"多重变形"对话框如图 6-86 所示，得到一个辅助椭圆。用上下左右对称线工具根据辅助椭圆绘制翡翠轮廓线，绘制直径为 7mm 的辅助圆作为切面高度参考线，用任意曲线工具绘制切面曲线，如图 6-87 所示。

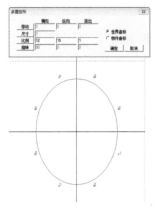

图 6-86　"多重变形"对话框

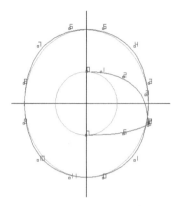

图 6-87　绘制翡翠轮廓线

step 02　使用导轨曲面，设置"导轨曲面"对话框如图 6-88 所示，然后依次选择导轨线→切面，选择菜单中的编辑→材料选项，在材料库中选择翡翠材质，效果如图 6-89 所示。

图 6-88　"导轨曲面"对话框

图 6-89　翡翠效果

2. 绘制镶口底托

选择俯视图，隐藏翡翠。选择菜单曲线——Restore removed curves，还原翡翠轮廓线，再偏移曲线，设置向内偏移 0.9mm，绘制一个直径为 2mm 的辅助圆，使用任意曲线绘制切面，如图 6-90 所示。单击导轨曲面，设置"导轨曲面"对话框，依次选择外导轨线、内导轨线、切面，得到镶口效果如图 6-91 所示。展示翡翠，并用移动工具将镶口底托移至翡翠下面，如图 6-92 所示。

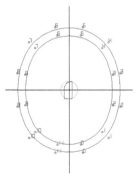

图 6-90　还原轮廓线

图 6-91　镶口效果

图 6-92　镶口底托移至翡翠下面

3. 绘制指甲爪

step 01 绘制直径为 1.5mm 和 1.3mm 的两个辅助圆，用任意曲线根据 1.5mm 的辅助圆绘制指甲爪的左边导轨线，然后进行左右对称，如图 6-93 所示。绘制一个宽 1.5mm、高 1.3mm 的半圆形切面，如图 6-94 所示。

图 6-93 绘制指甲爪导轨线

图 6-94 绘制切面

step 02 设置"导轨曲面"对话框如图 6-95 所示，依次选择左边导轨线、右边导轨线、切面，得到指甲爪曲面，转至右视图，用移动工具将指甲爪移至镶口右端，展示 CV 点，将爪调整到对应位置，如图 6-96 所示。

图 6-95 "导轨曲面"对话框

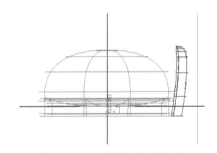

图 6-96 绘制并调整指甲爪

step 03 回到俯视图，将指甲爪移动并旋转调整到对应位置，进行上下左右复制，得到四个指甲爪，如图 6-97 所示。

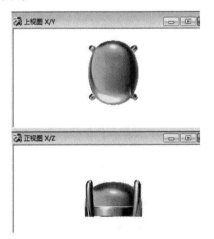

图 6-97 制作四个指甲爪

4. 绘制虎爪镶

step 01 选择俯视图，选取翡翠轮廓线，用曲线偏移工具向外偏移曲线1.5mm，选择曲线→修改→上下左右对称线，点选修改该曲线，转至右视图，将导轨线调整到对应位置，如图6-98所示。注意点只能上下移动，这样不会影响到正面的外形。

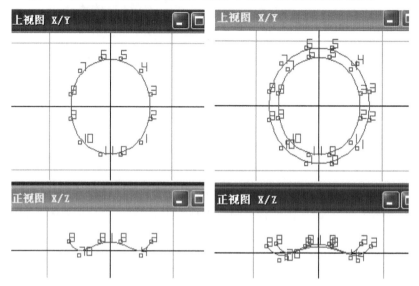

图6-98　曲线偏移与导轨线调整

step 02 绘制切面，绘制一个直径为2.3mm的辅助圆作为高度参考，绘制一外斜切面如图6-99所示。选择导轨曲面，设置"导轨曲面"对话框如图6-100所示，依次点选内导轨、外导轨、切面，得到曲面如图6-101所示。

图6-99　绘制斜切面

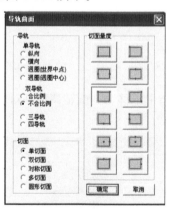

图6-100　"导轨曲面"对话框

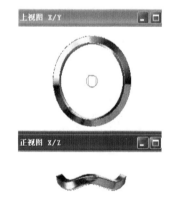

图6-101　虎爪镶曲面

5. 绘制底框

step 01 选择正视图，绘制一个直径为6mm的圆作为高度辅助线，用左右对称线绘制侧面外斜参考线，测量底边宽度为8mm，如图6-102所示。选择编辑→不隐藏选项，再选择翡翠轮廓线，使用尺寸工具缩小至宽度为8mm。回到正视图，使用移动工具移至底边。再进行偏移曲线，设置向内偏移0.8mm，绘制一个0.9mm的圆角正方形作为切面。

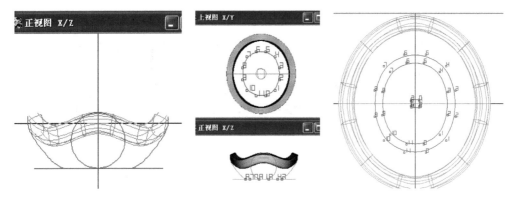

图 6-102　绘制底框

step 02　选择导轨曲面，使用导轨曲面工具，设置"导轨曲面"对话框如图 6-103 所示，依次点选内导轨线、外导轨线、切面，得到底框曲面，选择菜单中的编辑→展示 CV 点选项，再选择上边所有的 CV 点，选择正俯视图，在正视图中使用菜单中的变形→多重变形选项，双击比例按钮，调整横向和纵向比例，直至底框对齐参考线。

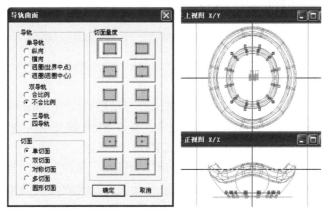

图 6-103　设置"导轨曲面"对话框

6. 绘制投影面

通过菜单曲线——Restore removed curves，在还原的曲线中找到两条外导轨线，如图 6-104 所示，将上边导轨线往下移动至曲面中间偏下位置，再选择菜单中的曲线→中间曲线选项，依次点选两条曲线，得到中间曲线，此时得到的曲线是开口曲线，选择菜单中的曲线→封口曲线选项，再用尺寸工具调整中间曲线至相应位置，如图 6-105 所示。使用线面连接曲面工具，自上到下依次点选三条曲线，按空格键结束，得到一个辅助曲面，如图 6-106 所示。

图 6-104　找到两条外导轨线

图 6-105　绘制并调整中间曲线

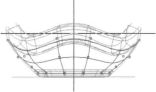

图 6-106　绘制辅助曲面

7. 绘制通花

step 01 选择俯视图，自中心沿 X 轴绘制一条直线，使用环形复制工具复制 12 条曲线，再使用变形→多重变形选项，设置进出轴旋转 45°，得到的曲线将吊坠分成 12 等份，如图 6-107 所示。根据通花空间对应一等份位置长宽，在轴中心绘制水滴形曲线，并使用菜单中的曲线→偏移曲线选项，向内偏移 0.6mm，得到两条导轨线，如图 6-108 所示。

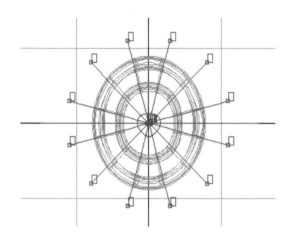

图 6-107　将吊坠 12 等分　　　　　　　图 6-108　绘制两条导轨线

step 02 选择剪贴工具，转至彩色图模式进行粘贴，配合 Shift+ 右键 = 旋转，按住 Shift 键并单击物体进行拖动与移动物体的操作，按住 Shift 键并单击物体外面拖动进行缩放物体的操作，将其调整到对应的位置上，如图 6-109 所示。绘制一个 0.6mm 的圆角正方形切面，分别进行导轨曲面，设置"导轨曲面"对话框，依次选择内导轨线、外导轨线、切面，得到的曲面个别位置需要展示 CV 点进行微调，此时的效果图如图 6-110 所示。隐藏参考面，对水滴形曲面进行对应复制，最终效果如图 6-111 所示。

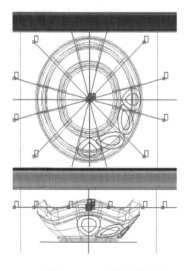

图 6-109　粘贴拖放操作　　　图 6-110　"导轨曲面"对话框　　　图 6-111　最终效果

8. 排石开虎爪

根据物体的对称特征，只需要镶嵌 1/4 的位置。隐藏其他物体，只留围边物体。

step 01 绘制宝石及切割体

回到俯视图，选择菜单中的杂项→宝石选项，选择圆形钻石，设置直径为 1.1mm，绘制一个直径为 1.1mm 的辅助圆及一个直径为 1.4mm 的辅助圆（该 1.4mm 的辅助圆用来确定 0.15mm 的石距参考线），如图 6-112 所示。转至正视图，移动工具将钻石往下移至台面与横轴平齐，如图 6-113 所示。绘制打孔物体切面，使用纵向环形对称曲面工具，设置环形数目为 8，得到曲面如图 6-114 所示。注意，这种打孔物体是不打穿孔的。

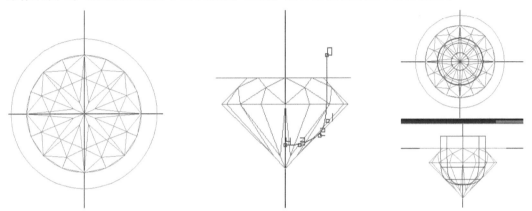

图 6-112 绘制宝石及其辅助圆   图 6-113 钻石下移使台面与横轴平齐   图 6-114 绘制打孔物体切面

step 02 绘制开虎爪物体

选择正视图，使用左右对称曲线绘制 U 形轮廓线，转至俯视图，使用直线延伸曲面工具，纵向延伸 0.8mm，上下复制 U 形物体，如图 6-115 所示。转至右视图，选择中间的一组节点，往上移动到相应位置，如图 6-116 所示。

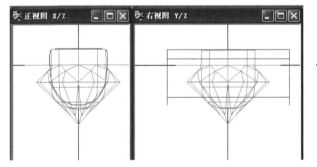

图 6-115 绘制 U 形轮廓线

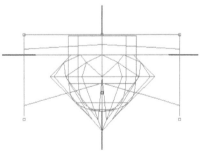

图 6-116 选择与上移节点

step 03 排石并调整虎爪粗细

绘制一条横轴线和一条纵轴线作为参考线，通过菜单中的编辑→超减物体选项，设置切割物体为超减物体，选择宝石、切割体及石距参考线，使用剪贴工具，转到彩色图模式下进行排列宝石的操作，配合 Shift+ 右键 = 旋转，按住 Shift 键并单击物体进行拖动与移动物体的操作，将其调整到对应的位置上，如图 6-117 所示。绘制一个直径为 0.9mm 的参考圆，使用剪贴工具粘贴到每个外边爪的上面；绘制一个直径为 0.8mm 的参考圆，使用剪贴工具粘贴到每个内边爪的上面，启用物件坐标，使用尺寸工具右键调节 U 形物体的大小，操作完成后的效果如图 6-118 所示。

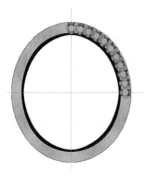

图 6-117　排列宝石

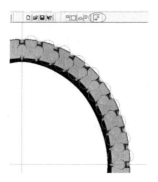

图 6-118　完成效果

分类复制物体，如图 6-119 所示。选择所有的切割物体（U 形物体和打孔物体）进行布林体→联集和布林体→相减操作，先选择切割物体，再点选曲面。

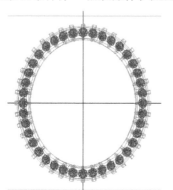

图 6-119　分类复制物体

step 04　绘制中间开槽物体

选择俯视图，使用原曲面导轨线进行偏移曲线，设置两边偏移 0.45mm，删除曲面外面的曲线，剩下中间两条封口曲线，如图 6-120 所示。转至正视图，选择中间两条曲线，选择菜单中的曲线→增加控制点选项，使用菜单中的变形→投影功能，设置投影对话框，如图 6-121 所示。

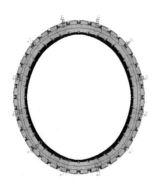

图 6-120　偏移曲线

图 6-121　"曲面 / 线 投影"对话框

绘制一个高度为 1.1mm 的 U 形切面，如图 6-122 所示。选择导轨曲面，设置"导轨曲面"对话框如图 6-123 所示，依次选择内圈、外圈、切面，得到开槽曲面，其效果如图 6-124 所示。

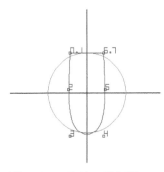

图 6-122　绘制 U 形切面　　　图 6-123　"导轨曲面"对话框　　　图 6-124　开槽曲面效果

选择开槽物体，使用布林体→相减功能，点选外圈曲面，得到的效果如图 6-125 所示。选择菜单中的编辑→不隐藏选项，展示所有的物体，再隐藏所有曲线，最终效果如图 6-126 所示。

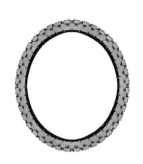

图 6-125　布林体→相减操作　　　　　图 6-126　中间开槽物体的最终效果

9. 绘制瓜子扣

step 01 转至右视图，绘制一个直径为 10mm 的辅助圆，移至对应位置作为瓜子扣长度的参考，使用上下对称线工具绘制瓜子扣侧面的形状，如图 6-127 所示。选择菜单中的曲线→偏移曲线选项，设置向内偏移 1.2mm，再使用任意线进行曲线修改，使得瓜子扣上边的厚度稍微大于下边的厚度，如图 6-128 所示。

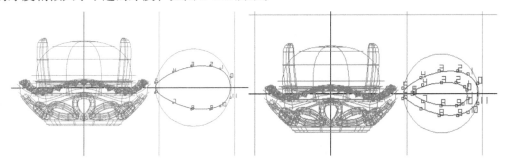

图 6-127　绘制瓜子扣侧面形状　　　　图 6-128　瓜子扣厚度设置

step 02 选择俯视图，绘制一个直径为 3.6mm 的辅助圆，移至对应位置作为瓜子扣宽度的参考，回到右视图，选择菜单中的曲线→修改→上下对称线，点选外轮廓线，返回俯视图，将导轨线的正面调整至对应位置，再左右对称曲线，得到三条导轨线，如图 6-129 所示。用左右对称线工具绘制瓜子扣切面，如图 6-130 所示。

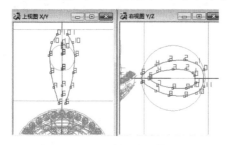

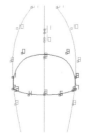

图 6-129　瓜子扣宽度的设置　　　　　　图 6-130　绘制瓜子扣切面

step 03 设置"导轨曲面"对话框如图 6-131 所示，依次选择左边导轨线、右边导轨线、中间导轨线、切面，得到曲面效果如图 6-132 所示。选择菜单中的编辑→展示 CV 点选项，将上边的 CV 点用尺寸工具右键调整。注意对称点一起调整。最终效果如图 6-133 所示。

图 6-131　"导轨曲面"对话框　　　图 6-132　瓜子扣曲面　　　图 6-133　瓜子扣最终效果

10. 绘制圆环

选择俯视图，绘制一个直径为 2mm 的圆，使用管状曲面工具，设置圆形切面，直径为 0.8mm，得到一个圆环，将圆环移动至相应位置，效果如图 6-134 所示。

图 6-134　虎爪镶吊坠最终效果

常见的逼镶款式如图 6-135 所示，其中图 6-135d 所示为田字逼。

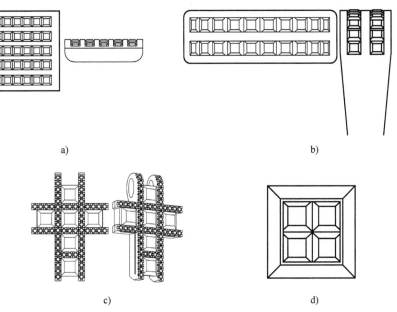

a)　　　　　　　　　　　　　　　　　　　　　　　　b)

c)　　　　　　　　　　　　　　　　　　　d)

图 6-135　逼见的逼镶款式

逼镶的结构如图 6-136 所示。

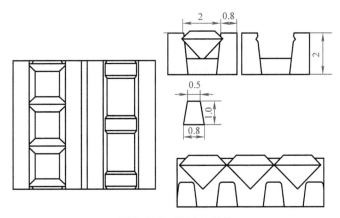

图 6-136　逼镶的结构

逼镶注意事项如下：

1）根据图样加以确定。

2）根据图样、石料，处理不同的石边宽度，彩色宝石一般比圆形钻石要厚一些。因此，镶嵌彩色宝石时，整个逼镶边的高度可留高大约 0.5mm，以防漏底，且彩色宝石的厚度一般不是特别标准，在绘图的过程中需要根据石头实际厚度来确定逼镶边的高度。

3）逼镶边的大小除了与石头大小有关之外，也与管石的多少有关，在石头大小一样的前提下，一管二应比一管一的边略大。

4）底单的最佳位置处于石头与石头之间。

5）边内侧要稍内斜，以能更好地顶住石头。

绘制逼镶耳环如图 6-137 所示。

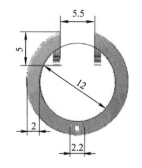

图 6-137　逼镶耳环

1. 绘制耳环曲面

step 01　选择正视图，绘制直径分别为 12mm 和 16mm 的两个圆作为辅助圆，再绘制一个直径为 2.0mm 的圆及一个直径为 0.7mm 的同心圆，移动两个圆至环形底部直至直径为 2.0mm 的圆与两个环形相切，如图 6-138 所示。选择直径为 2.0mm 的圆进行曲线偏移，设置向外偏移 0.1mm。注意：三筒铰位需要大于连接位宽度。绘制一个直径为 5.5mm 的辅助圆置于圆环上部，再绘制两条直线与辅助圆相切。定义出耳夹的位置，如图 6-139 所示。

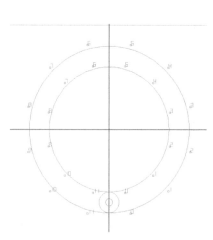

图 6-138　绘制辅助圆

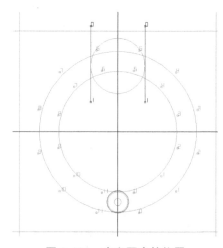

图 6-139　定义耳夹的位置

先绘制左半边曲面，沿着耳环轮廓线绘制出两条导轨线，如图 6-140 所示。绘制宽为 1mm 的长方形作为切面，如图 6-141 所示。

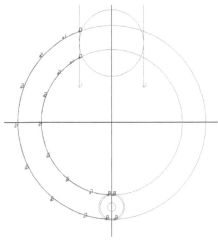

图 6-140　绘制耳环轮廓导轨线

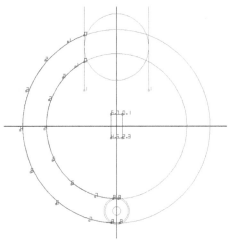

图 6-141　绘制长方形切面

step 02 选择导轨曲面，设置"导轨曲面"对话框如图 6-142 所示，依次选择上边导轨线、下边导轨线、切面，得到曲面效果，如图 6-143 所示。

图 6-142　"导轨曲面"对话框

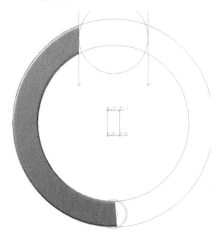

图 6-143　耳环左侧曲面效果

step 03 选择俯视图，绘制一个直径为 4.7mm 的辅助圆，并将绘制好的曲面移动至相切位置，使用上下复制功能，得到的曲面效果如图 6-144 所示。

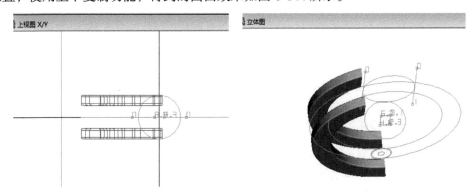

图 6-144　复制耳环左侧曲面

2. 绘制挡片

step 01 选择右视图，绘制一个直径为 5.0mm 的辅助圆，移至最上方，根据辅助线绘制挡片的外形，如图 6-145 所示。转至正视图，将挡片轮廓线移至与耳环边贴齐，用直线延伸曲面功能，设置"直线延伸"对话框，如图 6-146 所示，设置横向延伸距离为 –1mm，得到的曲面如图 6-147 所示。

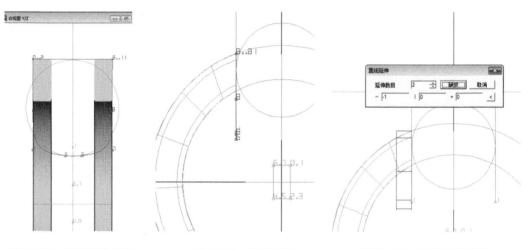

图 6-145　绘制挡片外形　　　　图 6-146　直线延伸　　　　图 6-147　延伸曲面效果

step 02 调整挡片外形，选择菜单中的编辑→展示 CV 点选项，框选其中的左上侧两组点，使用移动工具将点往下移至与耳环齐平，如图 6-148 所示。

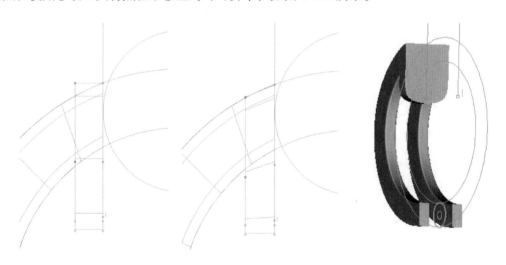

图 6-148　调整挡片外形

3. 绘制底边连接物体

step 01 选择直径为 2.2mm 的圆，转到右视图，选择左右复制，得到一个复制的圆，再使用移动工具往左边平移至耳环外，如图 6-149 所示；用直线延伸曲面工具，设置"直线延伸"对话框，如图 6-150 所示，设置横向延伸距离为 6mm，得到圆柱体。

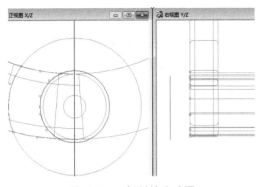

图 6-149　复制并移动圆　　　　　　　　图 6-150　直线延伸操作

step 02 回到右视图，选择两个耳环物体进行布林体→联集操作，如图 6-151 所示。选择圆柱体，单击布林体→相减选项，再选择耳环，相减后的效果如图 6-152 所示。

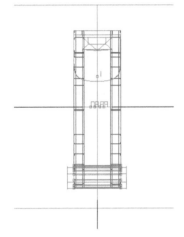

图 6-151　布林体→联集操作　　　　　图 6-152　布林体→相减操作的效果

step 03 选择底部直径为 2.2mm 的圆，将其向外偏移 1mm，得到辅助圆，如图 6-153 所示。用任意曲线工具根据辅助圆绘制底下曲面轮廓线，再回到俯视图，用移动工具将此轮廓线移至与耳环下方齐平，用直线延伸曲面工具，设置"直线延伸"对话框，设置横向延伸距离为 4.7mm，如图 6-154 所示。得到的曲面如图 6-155 所示。

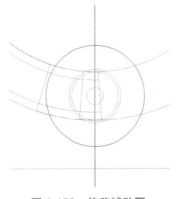

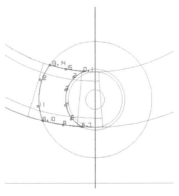

图 6-153　偏移辅助圆　　　　图 6-154　曲线延伸操作　　　图6-155　底边连接物体曲面效果

第六章　计算机绘图起版

4. 绘制三筒铰位

step 01 绘制一个宽度为 1.6mm 的长方形作为圆筒切面, 如图 6-156 所示。使用导轨曲面功能, 设置对话框如图 6-157 所示, 依次选择 2.2mm 的圆、0.7mm 的圆和长方形切面, 得到的曲面效果如图 6-158 所示。

图 6-156 绘制圆筒切面　　图 6-157 "导轨曲面"对话框　　图 6-158 曲面效果

step 02 回到俯视图, 复制一个圆筒(通过上下复制功能)并移动至与原铰位贴边的位置, 再上下复制, 得到第三个铰位, 三个筒刚好是边贴边平均分布, 如图 6-159 所示。注意: 筒的整体宽度比耳环宽度大 0.2mm, 筒的大小也比耳环的厚度大 0.1mm。

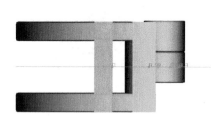

图 6-159 制作三个圆筒

step 03 选择俯视图, 左右复制耳环主体, 选择两边的筒跟左边耳环主体通过布林体→联集操作联集在一起, 中间的圆筒跟右边耳环主体联集在一起, 如图 6-160 所示的蓝色与红色物体。将右边的耳环改变材质, 选择菜单中的编辑→材质选项, 在弹出来的材质库中选择白金材质, 如图 6-161 所示。

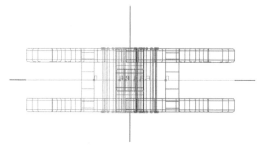

图 6-160 布林体→联集操作　　　　图 6-161 变更材质的效果

5. 排石

选择俯视图，分别绘制直径为 2mm 和 3mm 的两个辅助圆，选择菜单中的杂项→宝石选项，在弹出的对话框中选择长方形钻石，使用尺寸工具用右键缩放将方形钻石根据辅助圆调整成 2mm×3mm 的尺寸，如图 6-162 所示。回到正视图，使用移动、旋转工具排好第一颗宝石，如图 6-163 所示。绘制一个直径为 0.15mm 的辅助圆，用移动工具移至宝石腰部，作为石距参考，选择宝石，单击环行复制工具，设置宝石对话框，得到如图 6-164所示的效果。

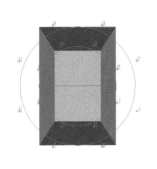 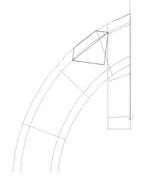 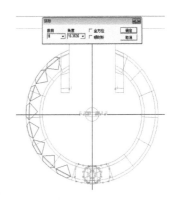

图 6-162　绘制长方形钻石　　　图 6-163　排列第一颗宝石　　　图 6-164　复制排列左侧宝石

6. 绘制底单

绘制一个直径为 1mm 的辅助圆，根据辅助圆绘制一个梯形，如图 6-165 所示。通过直线延伸曲面绘制一连接底单，得到如图 6-166 所示效果。复制多个底单排好位置，如图6-167 所示。

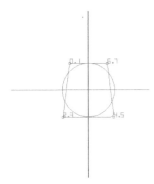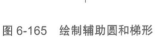  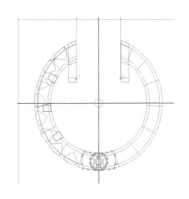

图 6-165　绘制辅助圆和梯形　　　图 6-166　连接底单效果　　　图 6-167　复制并排列多个底单

7. 绘制通花

step 01　隐藏左边耳环，转至正视图，在需要通花的位置绘制一条曲线，使用曲线→曲线长度功能测量曲线的长度，曲线长度测量值会在状态栏中显示，再绘制一个直径与曲

第六章　计算机绘图起步版

线长度一致的辅助圆，如图6-168所示。在辅助圆内绘制通花形状，转至俯视图，绘制一个直径为3mm的辅助圆，用环形重复线工具绘制一个菱形，再偏移曲线，设置偏移距离为0.6mm，得到一个较小的菱形，再绘制一个边长为0.6mm的正方形作为切面。选择导轨曲面，运用双导轨→不合比例→单切面功能，切面量度选择导轨位于切面上中与下中位置，依次选择大菱形、小菱形、正方形切面，得到如图6-169所示的菱形曲面（通花宽度要与耳环中间的空位一致，通花形状的CV点要控制好，若CV点不够，映射后会不能完全跟住曲线的弧度），在辅助圆内排列菱形，注意留出与耳环重叠位，如图6-170所示。

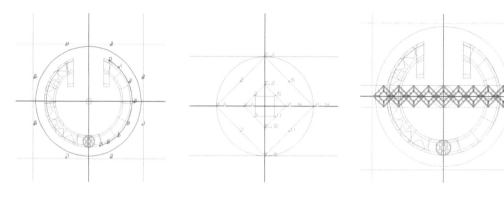

图6-168　测量曲线长度及绘制辅助圆　　　　图6-169　菱形曲面　　　　图6-170　排列菱形曲面

step 02　选择菜单中的变形→反转→反上选项，将通花反转方向，并用移动工具向下移至X轴下面，如图6-171所示。回到正视图，使用映射功能，在弹出的对话框中单击映射方向及范围，将出现的蓝色框调整至辅助圆相切，如图6-172所示，然后单击鼠标右键，在弹出的对话框中单击"确定"按钮，再选择耳环上的位置曲线，最终效果如图6-173所示。

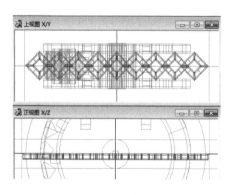

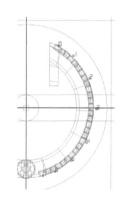

图6-171　反转操作　　　　图6-172　"曲面/线 映射"对话框　　　　图6-173　最终效果

step 03　隐藏所有曲线，在两个挡片之间绘制一个直径为0.8mm的圆管，再复制多一个圆管在右侧耳挡上减出圆孔。完成的最终效果如图6-174所示。

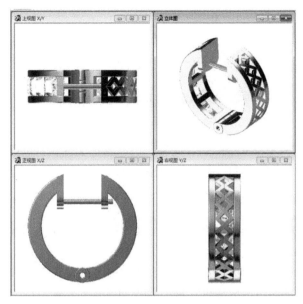

图 6-174　完成的逼镶耳环

小结：

（1）导轨曲面及线面连接曲面功能　曲面是从线条转化成立体图形的关键一步，导轨是其中常用、简单方便的一种功能。线面连接具有强大的功能，与导轨功能配合使用，能方便快捷地实现计算机设计。

在应用导轨及线面连接功能时，要注意以下几点：

1）线条的 CV 点数要一样、方向一致，线条的闭合开口要一致，控制好线条间相对应的 CV 点。

2）在导轨功能中，应用多切面时要保证线条的 CV 点数要一样、方向一致，线条的闭合开口要一致。

3）应用线面连接，在连接曲线时是要注意连出的物体是否是空心的。检查方法是：按住 Tab 键，转动物体，若有黑色曲面（注意物体层面不要用黑色），则这个曲面会有问题。

（2）计算机绘图起版的输入、输出功能　输出命令可将对象以不同文件格式输出。准备好的三维数据需要输出到快速成型机中进行快速成型。STL 是兼容性比较强的格式，大部分快速成型机都接收 STL 格式。

JewelCAD 可输出的格式如图 6-175 所示。

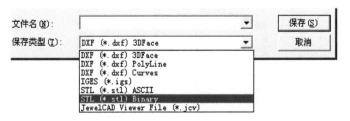

图 6-175　JewelCAD 可输出的格式

JewelCAD 可输入的格式如图 6-176 所示。

图 6-176　JewelCAD 可输入的格式

CAM 应用所需格式有 .SIC 和 .STL 两种，所以要把文件从 JewelCAD 转换到 CAM 进行快速成型，只能以 .SIC 和 .STL 两种 CAM 认可的格式输出。

第三节　首饰生产快速成型机

目前市场上为首饰生产商所接受的基本上是三种快速成型机：德国 EnvisionTEC 快速成型机、美国 3D Systems 快速成型机、意大利的 Mysint J 金属 3D 打印机。

一、德国 EnvisionTEC 快速成型机

德国 EnvisionTEC 快速成型机（树脂机）如图 6-177 所示，成型样品如图 6-178 所示。

图 6-177　快速成型机　　　　　　　　　　图 6-178　成型样品

EnvisionTEC 快速成型机的工作原理如图 6-179 所示。

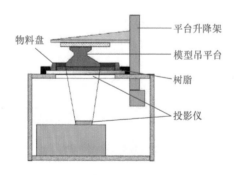

图 6-179　快速成型机的工作原理

该成型机的成型原理是：利用直接灯照固化感光树脂成型，CAD 数据由其自带的计算机软件进行分层及建立支撑，再输出黑白色的 Bitmap 档，每一层的 Bitmap 档由投影机投射到工作台上的感光树脂上，固化一层后工作台便往上提升一层，这样使其逐层固化成型。

该成型机的特点如下：

（1）优点　树脂材料较硬，不易损坏，外形不受限制；表面光滑，成型速度快，耗材成本低。

（2）缺点　由于树脂机的成型原理，物体需要手动加支撑，增加了工作量，在去除支撑的过程中会影响物体表面效果。另外，对铸造技术要求较高。同时，工作平台小，生产量也较小。

二、美国 3D systems 公司的 Projet 系列喷蜡机

美国 3D systems 公司的 Projet 系列喷蜡机采用多喷嘴（MJM）技术，有 618 个喷孔，根据图案控制喷孔的开关，进行层层喷印堆叠，如图 6-180 所示。

图 6-180　Projet 系列喷蜡机

喷蜡机的特点如下：

（1）优点　不需要加支撑，造型也没有限制。在物件悬空的地方，喷蜡机会用支撑蜡进行填充。打印完成后，溶解支撑材料，得到三维模型。打印高精细蜡型时，打印界面大，可以平面和垂直堆叠同时打印多个部位，每层厚度达到 0.016mm。喷蜡机使用的材料是 100% 的蜡成分，便于失蜡浇注。

（2）缺点　由于蜡质易脆，所以在运输过程中容易损坏。表面较树脂机稍粗。

三、意大利 Sisma 公司的 Mysint J 金属 3D 打印机

Mysint J 金属 3D 打印机，通过激光镭射金属烧结技术烧结固化金属粉末，层层堆叠成型，如图 6-181 所示。

该 3D 打印机的特点如下：

（1）优点　该设备可打印金、银、铜、钛等多种贵金属材料，可以制造出几乎任何几何形状的对象，可快速完成传统制造方式难以完成的复杂结构造，金属表面精度高。金属

3D 打印的另一优势是生产快速，减少工序，也减少因工序繁杂导致的耗材及环境污染。

（2）缺点　金属打印机成本高。

图 6-181　Mysint J 金属 3D 打印机

第七章
起版制作常见问题及解决

第一节　起蜡版常见问题及解决

一、蜡件上有沙洞、气泡、缺失

（1）产生原因　材料中本身有气泡或是焊接、锉修过程中使工件缺失，造成工件不完整。

（2）解决方法　应用电烙铁进行补蜡，用余蜡填满沙洞、气泡、缺失等位置，保证补蜡的余量足够，再用锉刀或手术刀等工具进行修整，恢复工件的完整性。

二、工件表面不平整，表面不光滑，夹层位置大小不均匀

（1）产生原因　在制作过程中，使用蜡锉刀锉修之后未使用细锉刀进行表面锉修，或是没有对工件进行表面处理，在开夹层时工具使用不当，没有处理夹层角度及线条。

（2）解决方法　先使用红柄锉刀把工件的表面锉修平整，用细锉刀进行表面的锉修，使表面光滑，在确保工件尺寸的前提下把表面修顺滑后，用800#砂纸或手术刀进行表面打磨或刮光滑，减少倒模铸件表面的粗糙程度。

制作夹层时应先在工件中画出要求开制夹层的辅助线，根据辅助线用针具开夹层，再使用手术刀或自制的雕蜡刀进行修整，使夹层平整、角度明显、尺寸准确，不可在制作过程中出现夹层断裂情况。

三、焊接位置不吻合，有缝隙

（1）产生原因　焊接的时候未能把电烙铁完全焊接到工件的底部，只焊接到工件的表面。

（2）解决方法　用电烙铁加蜡焊接，将电烙铁嘴插入到焊接工件之间，使工件间完全熔合在一起，让焊接位置的间隙完全被蜡熔合在一起，再用锉刀或手术刀对焊接位置多余的蜡进行锉修，使焊接位置完全吻合，表面顺滑。

四、戒指手寸不对

（1）产生原因　本身戒指蜡的手寸不对，或是用戒指刀未能削至所要的尺寸等。

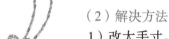

（2）解决方法

1）改大手寸。开料时用戒指刀将戒指蜡的手寸削至所要的尺寸，或是制作好戒指之后，用手术刀将戒臂切断，将戒指套入手寸棒指定尺寸的位置中，再将余蜡用电烙铁运到切口处，将戒臂不足的位置补上或直接截一段戒臂焊接到切口位置，使戒臂完整，焊接好之后再用锉刀及手术刀将焊接位置修理干净，完成手寸的焊接。

2）改小手寸。将制作好的戒指在戒脚位置切掉一节蜡，再将戒指套入手寸所要尺寸的位置中，用手压紧戒臂，用电烙铁将戒臂开口处焊接起来，保证戒圈在不变形的情况下将焊接位置修理完整，保证戒臂的完整性。

五、 运送过程中断裂，放置太久蜡件易碎

蜡件比较单薄，易碎、易断，应用其他物料进行保护，防止在运送过程中出现断裂等问题。

蜡属于易断、易碎物件，夹持及运送过程中应轻拿轻放，保证蜡件的完整性，应装在指定的袋子或盒子中，再用棉絮或是纸巾碎片进行保护。若制作完成的蜡件不进行马上倒模铸造，建议将蜡泡入水中进行保管，防止保存过程中丢失或损坏，以保证蜡件的完整性。

六、 雕蜡模版与设计图有出入

（1）产生原因 雕蜡制作与首饰设计师通常不是同一个人，有些设计师可能对实际生产不是很熟悉，画出的图不适用于实际生产，或者雕蜡工艺师对某些图样的细节理解有误，造成雕蜡模版与设计图有出入。

（2）解决方法 要解决这些问题，主要在于雕蜡工艺师与设计师应保持沟通，及时对设计图进行合理的修改，并跟进制作的造型等细节的处理。

七、 蜡材锉修不精确

（1）产生原因 失蜡浇注过程中对重量的把握不到位，造成雕蜡的模版成品重量与设计要求的重量不符合。

（2）解决方法 解决这种问题要注意与设计师的及时沟通，了解设计意图及要求并及时加以调整。

八、 开料尺寸不准确，开料位置偏移

开料前要计算好尺寸，留出一定的锉修余量，并在蜡料上画出清晰的线，严格按照线条操作。

九、 蜡版雕刻与图样的线条不同，掏底时薄厚不均匀

要求雕蜡工艺师认真对比设计图样，对于不清楚的地方及时与设计师进行沟通修改，掏底时需要不断用内卡尺测量厚度，不要一次性做得太薄，如果掏底过薄则需要用电烙铁进行修补。

第二节　起银版常见问题及解决

一、开料

手工起银版开料中经常出现一些问题，比如压方形条的时候比较容易爆裂，片材容易压得不整齐，造成波浪状的银材。出现这些问题原因可能是熔银料的时候操作不标准，银料中间有比较大的空隙，压片时空隙下降太多，造成压力过大，形成爆裂，操作过程中没有控制好下降的尺寸，因此要控制好压片机每次下降的尺寸，检查压片机的光面是否平整，并经常进行退火处理，循序渐进地进行操作。

二、配件制作

1）配件制作过程中会出现配件实物与图样尺寸不符，重量不符合要求，造型效果不够生动等问题。出现这种问题的原因可能是在描轮廓时图样的比例不够大，整体制作时太大或太小或者对图样的理解不够，这就要求工艺师在绘制轮廓线时要控制好比例，还要计算精准尺寸和重量，对于造型的问题要理解清楚图样要求，多与设计师进行有效沟通，总结经验，提高制作技能。

2）不镶嵌副石的花叶太薄，厚度小于0.6mm。在起版过程中不镶嵌副石的花叶太薄，会导致版做好后，在后期压胶模后注出来的蜡模太薄，无法生产。解决办法是：通常不镶嵌副石的花叶做好后厚度为0.7mm左右，这就要求操作人员在制作花叶过程中要提前把制作花叶的银片预留出足够的厚度，这样就会在制作花叶时保证尺寸的准确性。

3）不镶嵌副石的花叶太厚，厚度大于0.8mm。在起版过程中不镶嵌副石的花叶太厚，会导致版做好后，产品用金过多，成本增加。解决办法是：通常不镶嵌副石的花叶做好后厚度为0.7mm左右，这就要求操作人员在制作花叶过程中银片不要超出预留出的厚度，这样就会在制作花叶时保证尺寸的准确性。

4）在制作爪镶镶口时，没有考虑到漏底，镶口做出来后高度偏矮。解决办法是：在做镶口之前应该先量好宝石的高度，预留好尺寸，这样在做镶口的时候就不会把镶口的高度做低了。

5）在制作爪镶镶口时，镶口做得太高了，使整个版型看起来不协调。解决办法是：镶口与周围的花叶高低搭配必须协调统一、大方，因此在摆坯时根据造形把镶口摆放在合适的高度。

6）花叶制作出来没有立体感，作品没有美感。解决办法是：首饰表面的花叶通常做出来后，都不是平面的，因此在制作花叶的时候一定要把花叶的立体感充分地表现出来，让花叶的美感充分地表达出来，使花叶与镶口及周围的其他配件协调统一。

三、摆坯

摆坯过程中可能会出现十字位不对称，立体感不够强烈，图样的结构连接位不够牢固等问题。其原因是摆坯时没测量好尺寸，摆坯时高低位不够，图样连接的线条太细或太少。解决办法是：在摆坯时要测量尺寸，要根据图样进行调整，调整高低位，核对图样的效果，与设计师沟通清楚，需要制作时加以修改和增加线条。

四、倒坯

倒坯过程中容易出现粉水比例不均匀，石膏粉的配比不均匀，配件松脱等问题。太稠会造成缝隙不能流入石膏粉，配件脱落；太稀会影响倒坯的质量；石膏太少会倒不满配件，造成配件脱落；时间不够石膏没干，会造成配件在石膏上脱落。解决办法是：需要注意控制好粉水比例，一般粉水比例为4∶1；根据坯的大小来调配适量的石膏粉，一般以倒满配件的量为适当；控制好晾干时间，最少要在0.5h以上。

五、焊接

1）焊接过程中因为焊接位置有石膏粉不易焊透或者火力没控制好、银版的配件太细，容易出现银版没焊接牢固，焊接时银版变形等问题。解决办法是：清洗干净后要对没焊牢的部位进行补焊，控制好火力，对配件较小的部位，不能烧得太久，火力不能过大。

2）在焊接过程中，被焊接的面与面之间没有充分吻合就开始焊接，最后焊接过程中填充太多焊料，导致被焊接部分凸凹不平、不干净。解决办法是：焊接前操作人员必须把被焊接的面修整好，使被焊接的两个面贴合在一起，即没有多余的缝隙，这样在焊接过程中只需要很少的焊料就能很好地把被焊接面焊接好，并且被焊接面表面不会有多余的焊料溢出来，干净、顺滑、平整。

3）在焊接过程中出现虚焊、假焊等现象。解决办法是：在任何一次焊接之前都应该首先把要焊接的面进行表面处理，使被焊接面的表面干净无其他杂质；焊接时应该让焊料充分渗透到被焊接面的里面，这样的焊接方法才会稳固。

六、修整

在修整过程中，银料的因素或者焊接时没焊透，要用沙洞棍敲打沙洞表面使沙洞闭合，沙洞过大或过深处理不掉要进行补焊。

银版表面砂纸没有打透，有明显的锉痕留下。解决办法是：在起版的过程中任何一个花叶或镶口在单独制作完成以后，都应该用砂纸把整个表面打透，使表面光洁亮丽，从而在后面的摆坯焊接后不再用砂纸打磨了。

七、审版

审版过程中常见银版的死角位置不够干净，银版重量不符合要求等问题。可能原因是图样比例与制作重量计算不准确。为降低问题产生的概率可以用不同的砂纸、牙针、砂针认真仔细地进行处理，掏轻或增加重量，不能增加或减轻重量的应重新起版。银版做出来后死角位置处理得不干净，不顺畅。解决办法是：很多的银版做出来后都会有或多或少的死角位置，处理死角位置的最好途径就是在没有焊接之前，把各个独立的配件或者花叶镶口都用砂纸把表面打光滑、干净、顺滑。这样在这些配件或者花叶镶口被焊接好后表面还是很光滑、干净、顺滑的，不用再次在这些已经成为死角的地方进行修整了，从而使死角位置不会产生变形或不干净。

综上所述，起银版过程中常见问题及解决方法见表 7-1。

表 7-1　起银版过程中常见问题及解决方法

序号	常见问题	产生原因	解决方法
1	压方条出现爆裂	熔银时没熔好，压片时空隙下降太多，造成压力过大，形成爆裂	银料退火，循序渐进操作
2	银料压得不平整，起波浪	操作过程中未控制好下降的尺寸	1. 控制好压片机每次下降的尺寸 2. 检查压片机的光面是否平整 3. 将银料摆斜 45° 重压两次
3	制作的实物与图样的尺寸不符	在描轮廓时图样比例不够大	在描轮廓时要控制好图样比例
4	重量不符合要求	整体制作时太大或太小	应计算精准尺寸和重量
5	造型效果不够生动	对图样的理解不够	理解图样要求，总结经验，提高制作技能
6	十字位，不对称	摆坯时没测量好尺寸	摆坯时要测量尺寸，根据图样进行调整
7	立体感不够强烈	摆坯时高低位不够	调整高低位，核对图样效果
8	图样的结构连接位不够牢固	图样连接的线条太细或太少	制作时加以修改和增加线条
9	粉水比例不均	太稠会造成缝隙不能流入石膏粉，配件脱落；太稀会影响倒坯的质量	控制好粉水比例，一般粉水比例为 4∶1
10	石膏粉的配比不均匀	石膏太少会倒不满配件，造成配件脱落	根据坯的大小来调配适量的石膏粉，一般以倒满配件的量为适当
11	配件松脱	时间不够，石膏没干，造成配件在石膏上脱落，需要重新摆坯	控制好晾干时间，最少在 0.5h 以上
12	银版没焊接牢固	焊接位置有石膏粉不易焊透	清洗干净后要对没焊牢的部位进行补焊
13	焊接时银版变形	火力没控制好，银版的配件太细	控制好火力，对配件较小的部位，不能烧得太久，火力不能过大
14	银料的因素导致或者焊接时没焊透	打砂纸时出现沙洞	用沙洞棍敲打沙洞表面使沙洞闭合，沙洞过大或过深处理不掉时要进行补焊
15	水口位置不合理，造成后工序操作困难	没注意银版结构及不了解浇注的工艺要求	了解浇注工艺要求，经过多次试验对水口进行更改
16	银版的死角位置不够干净、顺滑	加工不到位，工具应用不准确	用不同的砂纸、牙针、砂针认真仔细地进行处理
17	银版重量不符合要求	图样比例与制作重量计算不准确	掏轻或增加重量，不能增加或减轻重量的应重新起版
18	镶口爪位不对称	焊接爪时，焊接点移位	重新调整焊接爪位，可用直牙针测好对称位，避免焊接走位
19	镶口爪大小比例不协调	没有测量宝石与镶口间的尺寸比例	根据宝石的大小确定，重新调整更换爪的尺寸
20	表面不顺滑，有明显锉痕	操作时用锉刀的方法和型号不对	用合适型号的锉刀和规范的操作方法
21	焊接的地方不够牢固，脱裂或没完全焊接上	焊点没完全熔融连接到一起，或焊药不足，漏焊	用各种方法焊接时都应确保两个焊点完全牢固地连接在一起
22	配件做反	操作过程不细心或对货品结构不熟悉	了解和熟悉货品结构，操作时认真细心

贵金属首饰起版技艺

序号	常见问题	产生原因	解决方法
23	烧熔、焊接表面不圆顺	温度过高导致货品局部完全熔化在一起	操作时应注意火的温度，或避免烧到不需要焊接的地方
24	形状和图样表示的形状明显不一	操作过程中力度过大，或金料烧火后太软	应熟悉货品原形状，操作时应控制好力度，发现有变形时应善用合适的工具将形状整好，恢复原版模样
25	链身不对称、少配件	操作过程不细心，少挂（或多挂）了配件，导致链身整体不对称	操作前仔细看清楚图片样板
26	表面出现的不正常小洞或小孔	材料本身或操作不当	用焊药和银料进行修补，让表面恢复原版模样
27	焊点留有过多的焊药	由于点焊操作不当造成货品原有的形态变化，操作不细心遗漏没处理	用锉刀等工具将多余的焊药部分去除，让货品恢复原版模样
28	银版结构不对	操作过程不细心或对图样的结构不熟悉	了解和熟悉图样结构，操作时认真细心

第三节　3D 制版及建模起版常见问题及解决

一、3D 制版常见问题及解决

3D 制版常见问题及解决方法见表 7-2。

表 7-2　3D 制版常见问题及解决方法

序号	常见问题	产生原因	解决方法
1	机器纹明显	由于成型机的层层堆叠成型原理形成	避开长条纹，选择合适的摆放物体的方向可让模型表面的机器纹不明显
2	模型缩水	快速成型机在投入生产之前没有经过尺寸矫正	打印圆球和正方体进行尺寸矫正，设置机器的相应数据以得到真实尺寸的模型
3	模型变形	模型支撑不当	注意悬空位必须加支撑，弧度小、较水平的物体的支撑与支撑直接的距离不要过大
4	树脂模型脱落	树脂机不水平会导致在快速成型的过程中树脂版脱落等问题，或者个别模型底部最低位高于其他模型	调节机器水平，清理托盘中的残留树脂渣。检查排版上的所有物体的最低点是否在同一水平面上
5	模型易断	尺寸过薄或过长，在清洗的过程中被撞断	加粗该处尺寸或加连接固定支撑
6	模型粘在一起	模型距离太近	建模时需要分开的物体，物体与物体之间的距离尽量大于 0.2mm，排版时模型与模型之间的距离尽量大于 0.2mm
7	模型孔堵住	孔尺寸过小	孔径最小应有 0.5mm，这样才能保证在失蜡浇注的过程中液体的流动性
8	模型爪断、变形	爪细且长	在爪之间加连接支撑固定
9	树脂太软	没有经过紫外灯照射硬化	增加紫外灯照射硬化工序

二、3D 建模起版常见问题及解决

（一）机器本身存在的问题

1）模型缩水。快速成型机在投入生产之前必须经过尺寸矫正，设置机器的相应数据以得到真实尺寸的模型。

2）模型变形。不同的模型若支撑不当或摆放方式不当都可能导致微小变形。因此，应根据不同款式造型选择合适的快速成型机。

3）树脂机不水平会导致在快速成型的过程中树脂版脱落等问题。因此，树脂机需要调节机器水平才能工作。

4）模型表面存在机器纹。由于成型机采用的都是层层堆叠的成型原理，因此选择合适的摆放物体的方向可让模型表面的机器纹不明显。

（二）设计人员产生的问题

1）设计人员使用的绘图软件比较单一。若用单一的设计软件，在造型上会有所限制。每个三维设计软件都有它的优势，最理想的是能结合多种软件应用，取长补短。

2）数据处理不当导致打印出来的模型变形或不完整，比如树脂机加支撑没加好。

3）设计人员如果对首饰工艺不了解，设计出来的产品不符合生产要求。

4）设计人员的审美影响其对首饰外形的把握，进而影响首饰的最后效果。

第七章　起版制作常见问题及解决

附录
首饰起版工具与工艺名称对照

表1　首饰起版工具名称对照

序号	专业名称	行业名称
1	球针	波针
2	皮老虎	风球
3	平嘴钳	扁嘴钳
4	半圆锉	卜锉
5	吊机	打磨机
6	锯弓	卓弓
7	锯条	卓条
8	焊夹	AA夹
9	戒指量棒	手寸棒
10	剪片钳	化力剪
11	牛角尖	牛角砧
12	焊枪	火吹/灯吹
13	坩埚	窝仔
14	工作台	功夫台

表2　首饰起版工艺名称对照

序号	专业名称	行业名称
1	制版	起版
2	注蜡	唧蜡
3	铸造	倒模
4	走焊	走水
5	镶嵌	镶石
6	抛光	车磨打
7	电镀	电金

参考文献

[1] 劳动和社会保障部中国就业培训技术指导中心 . 贵金属首饰手工制作工（基础知识)[M]. 北京：中国劳动社会保障出版社，2003.

[2] 杨小林 . 中国细金工艺与文物 [M]. 北京：科学出版社，2008.

[3] 朱欢 . 首饰设计 .[M] 北京：化学工业出版社，2010.

[4] 劳动和社会保障部中国就业培训技术指导中心 . 贵金属首饰手工制作工（初级技能 中级技能高级技能）[M]. 北京：中国劳动社会保障出版社，2003.